Google Bomb

shiwen**books**

当报复变成人肉搜索、网络复仇……

有关 11 300 000 美元裁决背后的独家故事

The Untold Story of the $11.3M Verdict
That Changed the Way We Use the Internet

Google™ 炸弹

[美] 小约翰·多齐尔　苏·雪夫 /著

余　洁　吴庐春 /译

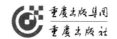重庆出版集团
重庆出版社

版权核渝字(2009)第 141 号

图书在版编目(CIP)数据

Goolge 炸弹/(美)多齐尔,(美)雪夫著;余洁,吴庐春译. —重庆:重庆出版社,2010.4

ISBN 978-7-229-01964-8

Ⅰ.①G… Ⅱ.①多… ②雪… ③余… ④吴… Ⅲ.①计算机网络–侵权行为–研究 Ⅳ.①D913

中国版本图书馆 CIP 数据核字(2010)第 047313 号

Goolge 炸弹

[美]小约翰·多齐尔　苏·雪夫 / 著

余洁　吴庐春 / 译

出　版　人:罗小卫
策　　　划:百世文库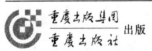
责任编辑:刘思余　杜　莎
特约编辑:李明辉
责任校对:李小君
封面设计:阿　元

重庆出版集团
重庆出版社 出版

(重庆长江二路 205 号)
三河市祥达印装厂　　　　　印刷
重庆出版集团图书发行有限公司　　　发行
邮购电话:010-84831086　84833410
E-MAIL:shiwenbooks@263.net
全国新华书店经销

开本:710mm×1 000mm　1/16　印张:11　字数:128 千
2010 年 4 月第 1 版　　2010 年 4 月第 1 次印刷
定价:29.80 元

(本书仅限在中国大陆销售!)

目　录

小约翰·W.多齐尔的致谢词

2008年春天,我接到一通电话,邀我写本有关网络诽谤的书,不禁让我想起7年前的一次午餐,朋友鼓励我出本网络法律方面的书。我曾紧跟20世纪90年代末的互联网泡沫,创办一家以风险投资为依托的电子商务公司,急切盼望重新成为诉讼律师。当时觉得自己没时间写书,现回想起来,其实只是借口,不过把那时候看似不必要的事情往后延期。

直到2008年春天,事情出现转机,那个邀稿电话让我恍悟,撰写自己所知,不仅仅为必须之事,甚至系当务之急。的确如此。在此感谢苏·雪夫女士,勇敢分享亲身经历,不讲回忆这桩难堪往事有多痛苦有多折磨,即使知道本书可能使自己遭受最坏的后果,仍义无反顾地支持这项计划。

米歇尔女士一手促成此书,通过HCI——我们的出版公司——满腔热情开启此次著书方案,她远见卓识,理解宽容,允许我们用自己的方式完成创作。HCI全体工作人员对我们的工作相当支持,处理业务相当专业,对此,我深表感激之情。

米歇尔女士,这位备受推崇的作家,要不是她百忙之中抽出时间,牵线搭桥撮合我和苏,想必此书一定荒芜。她聆听我们的思想,审视我们的漏洞,倾注自己的时间,使我们的创作更有效地进行。奥利维娅,面对你的付出,我们的语言苍白无力,你简直是完美的词汇专家,我对你佩服得五体投地。

我亲力亲为完成此书的部分内容,并对这一部分的任何错误或不精之处负责。我的非官方编辑团队包括丽莎·凯西、唐·莫里斯、卡梅伦·吉尔伯特和尼克·莫瑞兹,他们提出了卓越反馈及建议。几个月以来,白天,我经营多齐尔网络法律公司,晚上回到家里写书,维多利亚·罗森和丽莎一直帮我处理书的市场宣传和公共事务,你们为我付出太多,使我有能力担当撰书的重任。

我要感谢我的太太卡特里娜·多齐尔,每天对付两个处于青春期的孩子。我

的儿子，约翰三世和贾斯汀，谢谢你们对我的理解，爸爸真的每晚都在完成一件很重要的事情。我爱你们。还有我的兄弟姐妹，谢谢你们这么多年来的建议、支持和指导。

随着工作的开展，越加认识到，我再也不要重蹈覆辙。完成此书，我相当有满足感，因为我相信自己传递了希望的信号，而非绝望的符号。这将是我一生中难以忘怀的经历。我对团队中的每一位成员深表谢意。

我怀念我的父亲，尊敬的约翰·W.多齐尔，以及我的母亲，维奥拉·E.多齐尔。父亲是华盛顿与李大学法学院硕士，认定神职是终生事业。他性格热情，是个熟练的写手。我的语言深深继承了父亲母亲的诚实正直的品格以及体贴他人的爱心。父亲，尽管多年来您收到无数回绝信，这一次终于出版了！

最后，谢谢我的祖国，拥有第一修正案和言论自由权利，没有这些，我的书将是不可能完成的任务。我们必须时刻警觉，保护合法的言论自由，但永远不要忘记披着羊皮的狼能对我们根本权利带来最可怕的威胁。

苏·雪夫的致谢词

首先，我要感谢我的编辑——米歇尔女士——不仅仅因为她是世界上最好的编辑之一，更是由于她把我推到了自己从不敢企及的极限，她的友谊与付出，让一个萌芽的念头变成你现在手中的书。揭开自己的旧伤疤无疑让我很难下笔，没有米歇尔在身边，此书不可能完成。

特别感谢 HCI 的团队，尤其是汤姆·桑德，这本书最早的拥护者，卡罗尔·罗森伯格，全力以赴使得此书及时出版，金·维斯，市场部经理及我们的拉拉队队长，拉里萨·亨诺和艺术部门的同事，给予我们灵感。

奥利维娅，你把你的心和灵魂都献给了这本书，为我们做得太多太多，你绝对是个热情、才华横溢的专家，还是忠诚的朋友。很幸运，我们的人生轨迹有这个交集，很期待在不久的将来还能一起合作。

感谢我的朋友和同事，你们一直站在我的身边，即使这样会威胁到你们在网上的声誉。网络骚扰者是一种恶毒的生物，迅速追逐无辜的旁观者，仅仅因为他们同主要攻击对象有所牵连。我的朋友们置身于狙击手的行列，为了保护他们的隐私，我不在此告之他们的名字，我对你们怀有深切永久的感激之情。

亲爱的朋友，杰夫·贝里曼，他去年不幸去世，生前遭受过网络猛烈攻击。杰夫，世界没有了你，都不对。深切怀念你。

自己何其幸运，拥有一个美好的家庭，谢谢你们无限的爱护。

感谢大卫·波拉克、迈克尔·佛蒂克、"声誉卫士"全体员工、我的搭档小约翰·多齐尔，这些专家一直在为网络空间争取文明，我很幸运受到他们智慧和爱心启发。

最后，为了所有默默忍受却无能为力的人们，你们的生活因为可恶的网络侵犯受到严重影响，为了许许多多向我求助的人们，为了那些受我的故事影响而表达谢意的人们，我将此书献给你们。

前言

——迈克尔·菲迪克，"声誉卫士"的创始人兼首席执行官

谷歌不是上帝，不是第一修正案，更不是真理，只不过是一部机器，可能是近15年来发明的最绝妙的机器，给予人类知识分享和合作无穷好处，但仍然逃不过机器的命运，一部由人类设计依照规则运行的机器，出于该原因，谷歌具有内在错误性，容易遭人滥用。

我们必须告诉大家，谷歌不是上帝，不是自由言论的相等物，更不是绝对真理的信息，这让你感到不可思议了吗？很明显，大多数人相信，搜索相关话题，谷歌中置顶的结果总是最重要、最恰当、最准确、最完整、最值得信赖、最新鲜的资讯。从大众理解谷歌的角度入手，似乎谷歌背后的科学家们一直努力试图让最具有民主价值性的信息置顶，他们最基本的操作原理即为：随着时间推移，大众会更倾向于钟爱讨论某一话题最好最全面的网站，无论这一话题涉及到动物、植物、矿石还是大白菜或各国君主。

尽管谷歌全力维系最初的良好意图，但犯错的概率和正确的概率一样高。全球搜索引擎的差错和疏漏使得用户访问不良网站，成为废旧、残缺或者错误信息的受害者。谷歌纵有混杂(很可能是越来越糟糕)的过往记录，作为全球最重要的数据通道，其龙头位置似乎蒙蔽了我们的双眼，让我们相信谷歌搜索排位靠前结果的权威性。结论为：这条置顶的信息出现在谷歌中，一定真实，很可能正是相关话题的最匹配信息。人们基于谷歌上搜索到的靠前结果作决断，这一点再清楚不过：互联网上发布五花八门的视觉"热图"说明，绝大部分的谷歌用户只看靠前的搜索词条，忽略之后的一切信息。

如今，我们和自己想知道的信息一样可以搜索，明白这一点对每个人很重要。高居谷歌首位的信息能够成全，也能破坏我们的职业生涯、我们的爱情、我们进入梦想校园的机会。在万维网上伤害一个人，毁掉一个人的名誉何其容易，比

赞颂这个人或让香草无色容易多了。博客和论坛,比报纸和经编辑的专业刊物,在各类搜索引擎中更占优势,搜索引擎运作机制之下,奇怪的博客和论坛角落变成人际攻击强有力的发射台。

网络上言语诽谤别人,会在现实世界造成影响,互联网上摧毁一个人易如反掌。网络攻击的案件中,受害者感到无能为力,孤独无助,本能地把自己封闭起来,以为这样事情就不会"变得更糟",于是一个人担惊受怕到沉默消极。

苏,本身是受害者,一个与众不同的受害者,下定决心站出来,在法院和互联网上保卫自己,积极坚强地从事保护自己和他人的事业。你可能不会同意苏和约翰书写的一切观点,然而,随着互联网、网络言论和谷歌影响力三者之间的讨论日趋激烈,我们相信苏和约翰所讲述的故事十分重要,很有价值。

事情起源

这一天,2006 年 9 月 19 日,星期二,佛罗里达州,布洛瓦尔德,下午 2 点半,阳光普照,微风拂面,美好舒服,浪花拍岸。我的胃却翻江倒海,六个表情严峻的陪审团成员走进几乎空旷的法庭。

我完全没了主意,我的律师,大卫·波拉克,稍微靠了过来,轻声说,"嗯,就是这样……"一位面善的大龄法警,缓慢庄重叫道:"全体起立。"此刻,我多希望自己能抓住点什么东西,双脚有点站不稳了。

这是网络诽谤的标志性案件,前无古人的庭审。我创办的机构几乎毁于一旦,自己差不多身败名裂,肮脏不堪,只不过比猪圈干净一点。无论判决如何,大卫一直竭尽全力帮助我。第二次抵押我的房子,换得 10 万美金,才得以到达现在这一步,要是陪审团站在我这一边,宣判赔付我 1 万美金,我也会觉得自己清白无辜。

尊敬的大法官约翰·陆佐,庄严地穿着黑色法袍,端坐在法官席位的高架椅上,询问陪审团团长:"陪审团达成判决了吗?"

"是的,尊敬的法官阁下。"团长是位漂亮的女士,大约 30 多岁,黑色头发,她把判决书交给法警,再由后者呈交给法官——他在点头,似乎满意目前的裁断——然后,再次通过法警,判决书回到陪审团手中。我肺里的空气凝固了,不能呼吸,陪审团团长女士开始宣读判决书,全体陪审团成员一致同意:

"家长联合资源专家协会……"(PURE,这是我一手创办,帮助家长应对问题青少年的机构)"……本庭宣判被告赔偿原告补偿性损害 1 170 000 美元,赔偿惩罚性损害 2 000 000 美元。"惩罚性损害赔偿,即惩罚被告所作所为。我没听错吧?

"至于原告,苏·雪夫,我们判令……"

我的热泪滚滚而下,大卫草草记下这些数字,团长女士继续宣读判决……大卫粗略算了一下,难以置信,嘟嘟囔囔:"天啊!超过 1 000 万美元!"

"现在休庭!"陆佐法官一锤定音,这声巨响久久回荡在我的耳边。一切看上去恍如隔世,即使陪审团成员请求法官同意跟我进行私人会话,向我张开双臂走来,简直是一场白日梦。我的律师,法庭上向来处变不惊,镇定自如,此时一走出法庭,兴奋得像个坐在旋转木马上拿着巨大棉花糖的孩子,手舞足蹈,振臂高喊:"怎么可能!怎么可能!这将创造历史,史上最大宗网络诽谤判决!"

在自己被严重误解的时候,获赔大额赔偿金,支持你的立场,是种美妙无比的感觉,尤其经历了人性的黑暗面,要重拾对人性美德的信心,这样的支持更显得无比珍贵。

我曾是网络诽谤的受害者,太明白无能为力的滋味,太理解告诉别人你的名字,然后他们在谷歌上搜索你的时候,心底那种纯粹的害怕,突然之间,你想起《致命诱惑》中的变态,这个让希特勒看上去像圣人的变态——无论付出什么代价都要避开的贱民,他产生的影响相当恶劣,比你所谓的朋友散布最下流的流言蜚语更恶劣,伤害更深。网络诽谤完全是一种畜生——残忍,恶毒,没有脸面,匿名躲在电脑屏幕后,懦夫一般。

我揭开自己的这次磨难中对抗直指我人格和事业的攻击时所犯的错误。真心希望,你们能够受益良多。

我的名字是苏·雪夫。这是我的故事。

很不幸,世上不止一个苏·雪夫,有成千上万像苏·雪夫一样受害的人们。网络诽谤的对象可以是财富 500 强的企业、足球教练、女童子军队长、男孩乐团的主唱、当地的牙医、享誉全球的整容医生、职业运动员、大学教授、前任爱人、政府官员、牧师、伴侣,或者孩子。我是小约翰·W.多齐尔,多齐尔网络法律公司的创始人……我能帮你解决问题。什么样的问题呢?不是街道上的窃贼袭击老太太抢劫钱包这档子事儿,也不是不法之徒入室洗劫一类的事儿。我想,大家能够理解,全球气候暖化,冬天寒冷减半,夏天炎热无比,这帮人在空调的抚慰下,蜷缩进软绵绵的躺椅,大口痛饮微酿小啤酒,上网做勾当,仔细搜寻蛛丝马迹,这还不是唯一问题,网络诽谤的始作俑者看上去像友善的报童、教堂合唱团的指挥、你孩子最铁的朋友、隔壁的邻居……该怎么说呢，这些人确实很可能对你进行网络毁誉。

苏的故事很经典，希望大家能够有所借鉴。此书特别之处在于，苏讲述个人经历之间，我侃侃而谈专业知识之时，各位能够享受精彩、启迪智慧。每一章的开头，苏详细描述那场里程碑式的 11 300 000 美元法庭胜诉判决后面错综复杂的细节，以及引发这场官司的罪恶行径。顺着苏娓娓道来，我将插入自己的法律专业部分，指引你浏览网络世界的黑暗面，向你披露这些勾当的伎俩，告诉你成为诽谤对象时如何应对，解释最早出现的警告现象，训练你对付名誉攻击，保持理智，迅速恢复好名声，从被动防守转为强势反击，介绍建立同盟、扫荡敌人的策略。我一一道来，你将受益匪浅，抗击直到胜利。当然，我们还告诉你可以做什么，不可以做什么。最后，你将学到一些现成招式，立即阻击敌人尚未开始的毁誉袭击。

如今，横扫互联网的诽谤毁坏我们的生活、事业、商业，没有一丁点儿预兆，其破坏惊人、效率极高、风险太大，以致你无法忽视这种新型网上个人恐怖主义。没有白衣骑士翩然驾到，没有人能够救你于水火之中，你必须自助。现在，阅读我们的故事，吸取我们的建议，聆听我们的指导，敲醒自己的脑袋。你有力量控制自己的好名声，不要坐以待毙，等到邻居家的乖孩子决定上网拜访你一下，别看他总窝在家里的躺椅上，啜着啤酒。网络世界里发生任何事情都不奇怪，遭受网络攻击的人们经常感到与现实世界脱节。苏接下去告诉你，她没有逃过这一劫数。

我们再不待在堪萨斯州了

约翰·多恩说:"没有人可以孤独地生活,没有一个人可以。"我相信他是对的,然而,当你遭到群体攻击你的人格名誉,尝尽孤立无助的感受之后,你感到自己仿佛被放逐到只有你一个人的殖民土地。

烟雾怪兽——网络骚扰、网络诽谤,或者无论你想叫它什么——出现了,开始罪恶的勾当,动手捏碎我,像捏一只小昆虫。

我们从我早期的书籍开始讲这个故事,《束手有策:拯救失控青少年的智囊袋》,此书从自身经历出发,讲述我家处于危险边缘的青少年孩子——许多家长都有这样的孩子——把她安置在某项青少年计划中,因为她已成为他人的威胁,却得知她在该计划中受尽屈辱,带她回家,发现状况比之前更加糟糕。

自己的这份伤痛成为我创建家长联合资源专家协会(PURE)的动力,希望帮助其他处于相同境况的家庭。我的目标不是赚取大量钱财,好在旺季乘游艇游玩加勒比海,而在于获取信息,面对教育噩梦的时候,与真正需要帮助的家庭分享资源,希望可以竭尽全力帮助他们。我的座右铭从未改变:"从错误中吸取教训,从知识中收获满足。"

互联网上被人描绘成精于计算的"诈骗家",进入这个行业只为赚钱,哄得脆弱的家庭上钩,累积个人财富,我在此公开声明,这些与事实完全不符。如果有人需要帮助,无论他们的家庭状况如何,我绝不会拒绝他们,事实上,我已经花了无数时间提供帮助给心急如焚的家长,分文未取。

如果你想知道更多这样的故事,可以阅读《束手有策:拯救失控青少年的智囊袋》。

我的工作回报丰厚,没有把钱放进沃伦·巴菲特的投资组合,但确实一度对处理财产不太在行。我有强烈感觉,非要早早去到办公室,接听没完没了的电话,回复雪花般的越堆越高的邮件。

我尤其享受与家长面对面谈话。尽管电话和电脑已经成为交流的重要方式，却不能代替一个眼神、一次触碰、一滴眼泪这样的人性接触，这样的感触频频出现，不仅来自急于向我求助的家长。至今，和家长见面场景似发生在昨天，又像很久以前，我仍忍不住哽噎，怎能忘怀，他们俨然成为我情感 DNA 的一部分。

私人会面时间远不及我走入公共视线的时间多。我的演讲地点从大型会议到小型集会不等：基瓦尼斯俱乐部到地方警察局；职业协会到业余机构；主题演说到午宴发言。我遇见青少年治疗师、未成年人缓刑官、指导顾问和许许多多的人。我的日程总是马不停蹄，似乎不停歇地讨论青少年问题——相信我，真的存在许多问题少年，人口比例不小，尤其是算上为此遭受折磨的家庭成员。

寻找自己的激情所在很奇妙，是种天赋，只愿分享，不愿囤藏或挥霍。回应内心的快乐禁不住蔓延至生活的各个角落，内心的快乐很丰盛，生机盎然……猜你会说这能让我从内而外散发光芒，无论气质或者事业。像年轻母亲守护自己深爱的孩子一样守护 PURE，她就是我的宝贝，我至爱的小宝宝，全心付出，规则引导，一步一步培养，一个电话接一个电话、一封信接一封信、一个会议接一个会议地从零开始茁壮成长。

如今，这个小东西已经成长为一项事业，一项有价值的事业，她的需要控制我生活大部分时间。PURE 最本质的需求之一，作为门户网站的形式在互联网上分享我的建议的分配系统，这是为什么全美这么多家庭找到我们的原因。另一个同等重要的需求，维持无瑕名誉的能力。毕竟，我们关注已经身处危险境地的孩子们的利益。至于，一定要有第三个高标准的需求，则一定落到网络化上，创建一个值得信任的网络社区，连接对的人、对的资源、对的联系，解决我们孩子最迫切的需要。

分配、名誉、社区，是大脑、脊椎、双腿，帮助 PURE，进一步讲，帮助我自己成为青少年计划产业中最佳资源之一。像其他大多数产业一样，PURE 延伸至许多领域，涉及许多方面。

由于已经在广大关系网中建立起良好信誉，接到某个电话并不惊讶，对方我称之为 M.克拉克，这是个虚构姓名。我本人不相信匿名张贴，但是，我的案子已经吸引了网络社会黑帮，希望看到我被一点一点尸解的过程。出于对自身和孩子们

的考虑,谨慎起见,我打算使用虚拟名字。对于那些影响我生活的真实人们,那些法律对他们的审判详情,我绝不加隐瞒。

总之,接下来你会听到许多 M.克拉克事迹,当她第一次联系我,我根本想不到去网上搜索一下这是什么样的人,如同我根本不会想到去搜索一下自己的名字。当时,完全意识不到将犯个怎样的错误,克拉克向我寻求帮助和建议,我一点没有怀疑,她说自己的两个儿子刚从哥斯达黎加的青少年计划回家,这个计划声誉恶劣。我伸出援手,同情这位痛苦的母亲,她的前任丈夫把孩子放进这样一个青少年计划中。

我也把自己唯一的孩子从某个青少年计划的监管下带回家。家长们经常感到害怕,一些标榜"青少年援助"的形形色色产业正盲目引导自己的孩子。我大部分工作就是,做这些家长的工作,提供资源和信息,指引他们教导孩子们。事实上,我提出了一些很实用的信息给克拉克女士,包括介绍一位叫史蒂芬的顾问,他或许能帮助她,因为他刚从哥斯达黎加回来,对学校的事务很熟悉。我从未向她收取一文钱;她也没有付过一分钱。除了一个电话,我们之间再没有交集。

如果真是这样就好了。

我们短暂会话结束之后,克拉克女士把儿子接回家之前,克拉克重新出现在如今已不复存在的一个私人邮件列表管理器,叫做无畏网,有时又叫跋涉者——一个问题青少年父母的互助团体,这些青少年大多数处于某项援助计划之中,或者之前与其有不良经历。

创建该网站的女士很友善很有爱心,却意外过世了。我们是很好的朋友,加上在该问题我又累积了许多知识,于是,许多该网站的常客开始从我这里寻求帮助,代替这位已逝的朋友。渐渐地,我接受了这份责任——毕竟,这个团体人数不多,50~100 人之间变化,来来去去,在线或隐身。此为私人列表,对新成员的邀请需要通过验证。与克拉克短暂的交流,认为她适合这个团体,我们没有理由拒绝她的申请。

她来了。

刚开始,一切正常。列表中的朋友心情不好,大家安慰他/她;事情有了转机,大家祝贺他/她。我们张开双臂欢迎克拉克,给予她支持,美好祝愿,希望她的儿子能够平安归来。

然后，事情发生了，我们从未遇到的事情出现了。

克拉克接回儿子之后，私下联系我，请求联系一位据说遭到强奸的年轻姑娘。我有一个朋友认识这位姑娘的母亲，这位母亲希望保持隐私，拒绝与其他家长讨论此事。我把结果告诉了克拉克，就我个人而言，觉得根本没什么好讨论的。我深深同情这个受到伤害的家庭，而且，散布私人信息很容易毁人名节，这在道德上也是错误的，我不愿碰及这个敏感领域。

克拉克，自力更生，直接在无畏网/跋涉者询问关心的问题。一开始是友好请求，随即演变成顽固坚持通过她的母亲或者其他的联系人，找出这个身心受到创伤的女孩。

列表成员震惊了，克拉克纠缠不清，大家不愿意提供信息，也觉得没必要。大家的共同目标一直为了保护年轻人，不要暴露、挖掘、威胁到青少年的隐私。成员们纷纷私下联系我，表达不满，希望删除克拉克，还大家一个清静。

我尝试调解这件事，于是发了一篇帖子，这样写道："希望我能有这样的权力，在此正式宣布这一连串事件的处理结果。我们必须在网站上停止讨论此事，没有结果，消耗大家太多精力，已经有一位家长退出我们网站了。（也就是说，她不再在列表中了。）"

长话短说：一位宝贵的家长已脱离该团体。克拉克针对我们列表的敌意持续不断，有增无减，忍无可忍，版主将克拉克驱逐，她再也不能登录制造混乱。

你或许想知道，克拉克为什么执意寻找那个受害女孩，这太富有攻击性，会引起一群人为她寻找答案。没有人知道她这样做的动机是什么，若能略知一二，局面就不会混乱不堪到这般田地。两年之后，证人证词才让我们悟出一些端倪。无须多说，也无须惊讶，钱是祸首。

自克拉克被踢出之后，事情变得一发不可收拾，我继续像往常一样，做自己的工作，和家长们见面，奔赴各个地方演讲，去往社区服务研讨会，争取做到面面俱到，而要做的总积压成堆。

当然，许多事务涉及我们的网站和互联网的工作。我一直定期使用Travelocity、MapQuest、Weather.com 这些网站。搜索引擎上很难找到当地的小吃饭馆，人们对影评的评论，还有能引起我们兴趣，或可能对我们生活造成重大影响

的数不清的人们、地方、事物。

然而，时不时，我们所信赖的信息会触礁——比如，MapQuest 不知道它建议我行驶的驶出匝道正在施工。本来答应好朋友在网评超好的新饭店吃饭，结果迟到 N 久。

类似事情每天上演，全靠我们信赖的网络意见，似乎任何事情我们都求助网络。静下来想想，我们与"信息高速公路"之间的关系多么瓷实，想想某个单一的网站就有许多网友浏览——尤其是开放式的论坛，任何个人都可以浏览上面的帖子。结果，我忙于事业，像往常一般生活的时候，克拉克也没闲着。

一天，我收到无畏网/跋涉者一位家长的警告，说克拉克在一个公共论坛上找到了新家，言语攻击我们的成员发泄怒气，尤其是对我。当时，自己并没有在意。毕竟，我真心想帮助克拉克，而且不是我把她踢出列表的——是她自己酿成的结果，疏远最初的支持者。

话虽如此，我还是有点担心，她张贴的言论仍然吸引有心人关注，于是，平生第一次，我"谷歌"了一下自己的名字。

敲下回车键，顺着第一页的结果往下看，发现自己的名字出现在一些搞不清状况的结果中，毫无意义。点击某一结果，读着读着……想着想着……肯定自己没有看花眼，这些东西怎么可能跟自己相关呢，可白纸黑字，我不由得在电脑屏幕前尖叫。

休息一下，不敢置信地眨眨眼睛，又回到电脑前从头到尾看完，太震惊了，一时间回不了神，双手卡住脖子，想确定这是现实还是疯狂的幻觉。慢慢地，我的意识逐渐清醒过来，万千思绪只化为一句祈祷，一句咒骂：

我的天啊！

网络怪兽

非法之徒面具

每个人上网搜索自己的名字，通常会看到一些不愉快的东西，但苏面对的不是一点小批评，也不是一点小意见。我不是精神科医生，在此我想提点建议,关于上网时如何保护自己。

作为一名出庭律师,我决心研究陪审团、证人、律师、法官的身体语言和个性特征,只是,隐藏在话语背后的意义更难揣摩。仅仅研究只字片语,我们如何能懂某人的人格、性情、特质、情感,甚至动机? 整天和"网络怪兽"打交道,必须学会辨别敏感话题、立场观点、巧妙手段、强势战术,这些能够抵抗攻击,让一切回归正常。身为出庭律师,有时候所做之事干净利落,有时候局面丑陋不堪,事情总这样。

我的客户包罗万象,竞选过程受到威胁的市政议员、打击虚假社交网络自传的职业运动员、陷入麻烦的出镜记者、对付盗版音乐录影带的乐队主唱、误判的"儿童掠夺者"、受聘时遭到袭击的校园明星四分卫、遭嫉妒女人在论坛中诽谤的女演员、成为众矢之的的硅谷新兴企业家、名字盗用出现在色情网站上的华尔街大亨、由于亲戚愤怒言辞而不能筹集资金的风险资本家、抵抗"垃圾"网站的知名电视评论员、因反对政府人员身败名裂的游说者,还有许多律师、医生、房地产经纪人和印第安酋长。

我维护过一位正直 CEO 的利益,他成为了一场网络刺杀讨论的主角,网上充满了他家房子的照片,甚至前廊的特写图片。我曾作为一家公司的代言人,公司的前雇员以其前任上司的名义,莫名其妙向 1 000 万人发送邮件,请他们致电该公司。我帮助过修道院和修道士,还击前教徒的责难。帮助过财富 500 强的公司,一个已定罪的性交易者颇具说服力地声称自己与该公司董事会有"约定"。帮助过家长保护自己的孩子,孩子保护自己的父母,朋友保护朋友。

经历了上述所有状况,还有许多未列于此,我总试图探究这些人背后的动机,当然,想摸清楚烟雾背后的网络怪兽到底什么模样。通常,这些网络攻击有迹可循,一些前期的彻底调查十分必要,为了寻找足够的真相,做出更好有根据的猜测。随着时间推移,我们逐渐揭开这些攻击的神秘面纱,我们要培养察觉到动机的判断力,更重要的是,培养预测的直觉力,能指向解决问题的线索。

我归纳了网络怪兽简明扼要的描述,他们经常匿名,躲在电脑屏幕后攻击他人,想象一下,藏在幕布之后,摆弄遥控杆,放出烟雾火光,掩盖自身人性,他们的邪恶信仰旨在造成他人内心的惊恐而获得自己的快感。我的工作就是拉开幕布,清除烟雾,铲除巫术,将他们打回原形。

1. 扒手

他通常躲在街角,等老年妇女经过,攻击没有防备的人们,使用欺诈手段,鬼鬼祟祟下手。这类博主偷走你版权受到保护的内容,利用搜索引擎把你潜在的客户纳入他的网站,然后拼命打广告,或把这些客户送给你的竞争对手。他可以是你竞争对手的附属营销商,期望获得分红,也可以只是把谷歌或者雅虎广告放在自己网站上。扒手们同样喜欢盗取你的商标……悄悄在隐藏商标、原商标、隐含的页面重新定向中使用你的标志。通过一堆搜索引擎最优化技术,有人专门把你出卖给对手,企图在你身上捞油。

2. 怪人

我们可以很快识别怪人,他们在交流中会有独特之处,经常是"跟踪者",希望得到注视和认可,在一开始公正的批评之下,升级激化矛盾,冒出骇人言论。大多数老练的生意人立马觉察不对,称之"疯子",但是,一般的网民很难辨认该情况,并且传播到其他网站上去。

3. 瘾君子

也许,叫做"酒疯子"更恰当。白天,博主一般处于正常状况,晚上,回到自家圣地,喝点酒,兴致高起来,上网搜索猎物,方便在博客上发飙。这类人很难被认为是骗子,有时候,第二天,他自己也回想不起昨晚在酒精作用下,说了些什么。他挂满挑衅不实的言论,任意攻击当天注意到的任何事件。

4. 外星人

非来自外太空的生物,指的是国外的人们。一个遥远的国度,和美国没有签订任何条约,本国没有任何有效的法律体制,对商业、个人物产权一无所知。许多这类案子来自国外的某些地方,博客、帖子、谈话像来自街边的顾客。这些人有不可告人的目的,跟我们以下将讨论的犯罪有关。

5. 书呆子

此人害怕跟女孩子说话,一有机会躲在电脑后,摇身一变,成风流浪子。匿名创造出一个万能角色,生平第一次,这个呆子享受权利的快感,肾上腺激素开始兴奋,尝到甜头之后,每每制造或维持一种急剧波动的状况,都能让他感受打败"对方"的美妙滋味,其中没有规则可言。他的博文通通受肾上腺激素启发,处理得很乖巧,表面看不出什么文章来。一旦你认出他的本质,他就会逃之夭夭,永远不敢回来。

6. 新手

喜欢跟 13 岁的小朋友辩论吗?这帮小孩在网上成人化,假装大人,大放厥词。问题在于,大多数人们看到这些帖子,根本不知这是孩子所为。发帖这件事本身就是幼稚的表现。孩子们的言论相当惊人,比如,以注册会计师的名义,计算出房地产投资信托控股的投资回报率,事实却是,模拟之前的网帖,他们没有隐藏不良动机,不过处在荷尔蒙时期,孩子们想找点乐子,只是阅读博文的人不知道罢了。

7. 施虐狂

施虐狂攻击他人,引发痛苦,然后在他人的痛苦中肆虐狂欢作乐。他喜欢自创、引导、控制、发泄一通狂风暴雨般的指责,责难你或你的公司,目的很简单,制造苦楚与灾难。此类人通常是网络攻击的首要煽动者,如中蛊一般,快速激化攻击,勒紧脖子上的绳索。你会发现此人游逛很多网站,常用真实姓名,发布很多帖子,希望别人知道其身份。他有种跟踪狂的特质,总提倡对他人进行直接身体暴力行为。他不受钱驱使,只是很享受观看无辜的人们痛苦。

8. 破产者

不指道德堕落腐败。说实在的,破产者……没有财产、没有资产、没有工作,总之一无所有。这样的博主不怕任何后果,因为"你不能从红萝卜中榨出油来","你不可能从石头中挤出水来",我猜他们祖上一定代代相传这样的古训。通常,他不够聪明,言语却具有破坏性、煽动性,根本不考虑乱发帖带来的后果,管它传

播多久,管它升级到什么程度。他有时候在自家博客撰文,搞得像是转载的。

9. 罪犯

职业罪犯,像重罪犯一样,运筹高级勒索计划,对付著名的商业公司。如今,小偷骗子都在网上作案,甚至有自己的组织,运作流畅,高效实施计划,目标指向某家公司。坊间流传,50万美金一年的薪酬似乎想要催生"暴徒帮"(博客攻击引发的暴徒效应),不仅仅是博客一族。

10. 假领导者

实质上,这类人根本不是领导者。他们有不可告人的计划,却装得像公正客观的评论员,制造权威的假象,进入他个人网络日志的随意访问者都不会质疑他的合法性。这类人很难辨别。他们最常见的手段,主导一家博客,允许一切负面发帖,除非关于他自己的广告商。另一个通用的技巧,删帖:不揭露利益冲突、某公司或个人关系的冲突。如果揭发,网络游客会完全不信任博主的评论,认为不可靠,有偏见。

以上十种人对你和你拥有的一切都十分危险。以后,你将看到他们对苏的压榨折磨,我也会告诉你们另一些案例。现在,你只需明白,网络社区存在危险分子。

别误会我写这本书的目的。即使你对人格特点很有判断力,看清楚了,我们矛头指向的可是非法违法行为,不关心"半诽谤"或一些怪事。你面对合法的顾客投诉时,我们不指导如何处理公共关系。另外,我们不提供旋转控制导向。

我们应对由不良行为引发的伤害。我们专注网络世界中0.0001%的可能性,0.0001%隐藏在错综复杂(包括技术、社会、法律)背后,通过暴徒言论重定义事实真相,攻击我们的社会。我们关心非法手段玷污过的真相。不法之徒的污蔑责难威胁你的名誉、你的好名声、你享受生活保护家人的权利。幸好,我们的建议大多先发制人,立马可以用上,在成为受害人之前为自己建立一个防火墙。

如今,言论自由允许我们藐视礼貌斯文,网络之中,一定界限之内,嘴里吐出渎神、粗鲁、没教养、肆无忌惮的言语。受保护的网络话语同虚拟剧场的口出"狂言"之间的界限,确实需要实体化。自由言论者争辩说,给对手企业贴"欺诈"的标签只是发表观点看法,不涉及诽谤,所以要保护这样的自由言论。另一方面,我相信这依赖具体语境。此书不是一味辩论自由言论、公平使用、隐私法律、第一修正案、诽谤间的细微差别。我的观点在于,比如,庭审之后,公布未成年受虐儿童的照片,这样恰当与否。另外,暴徒静待虚拟法庭之外,随时准备抓牢法律控制在自己手中,无论离线、在线,都可以冠冕堂皇对误判的被告私自用刑。

我们写出网络上藐视法律之徒,他们的行为触犯法律,列出他们的常用工具,以及如何制止他们的行为。这帮人不仅仅违反法律,甚至藐视法律。或许,你已经在有线电视的警察节目中见识过这帮人……声称受到歧视、暴力对待,跟警察对殴,坚持自己是无辜的,裂纹管却从他们的裤筒中掉出来。只有迂腐不堪的自由言论扩张主义者和隐私狂看来,这帮暴徒非法行为并没有什么不妥。

我不明白,有些律师在电视上侃侃而谈,谴责管制网络不当行为法律的缺失。他们要做的应该是告之大家我们现有的法律,解释里面的细则。于我而言,忽视已有法律,喧嚣某法律的不存在,这样做糟糕透了,着实让我吃惊不已。我们的法律有缺陷吗?欠考虑吗?无先见之明吗?不完整吗?过时了吗?一定程度缺失准确性引人误解吗?答案是肯定的。然而,我们的议会和国家立法机构并不完全忽视社会问题,他们只是还没有把事情处理得恰到好处而已。律师、立法者需要做得更好,直面现今法律,不要被问题吓倒,进而否认其存在。每个人能够发挥巨大作用,推动真正的改革,通过立法程序改变现状。以后的章节,我们会继续讨论必要的改进,以及我们如何有所作为。

我希望每个人都能理解这些风险,理智对待警告,冷静处理迎面而来的恐惧。那么,到底有什么好害怕的呢?你的好名声、好信誉没有了,这只是刚刚开始。苏把网络比喻成"触角伸向四面八方的超级章鱼",我相当赞成,这简直是谷歌的真实写照。

谷歌,强大的在线商业平台,注定控制网络的触角,最著名的产品是旗下的搜索引擎。如今,似乎每个人用谷歌调查他人和商业,取代之前的老式方法查找个人背景、信用报告的日子一去不复返。今天,猎奇的人们发现,最有价值的事非网络世界深处莫属,搜索引擎似乎没有偏见,同时展露事物好坏两面,以后,你会慢慢听说谷歌搜索结果的内在偏向性,目前,要知道,有人"谷歌"你的时候,网络

攻击专门累加不良搜索结果,删除好的结果。

实际上,网络怪兽的存在归咎于谷歌,这帮人根据谷歌的页面排序(一种相对测量方法,表明谷歌搜索中页面的重要性程度),衡量自己对社会的贡献,他们像做大学橄榄球民意调查一样,跟踪搜索结果。每天早上起床,想到自己能够决定今天摧毁谁,有种权利爆棚的成就感,咖啡也不喝,直接上网攻击对方。可以说,网络怪兽是最坏的盗贼,他们偷走你的名声信誉,剥夺你享受国家提供的机遇,把你的骄傲变成尴尬,让你名誉扫地。他们手中挥舞的刀剑是谷歌,成为最强悍的太空飞船,运载成堆痛苦,作为传送机制,所向披靡,递投主包即为谷歌炸弹。

路遇岔口,选择!

谷歌炸弹

为什么谷歌如此重要?因为每个人都会用谷歌。若想访问谷歌,根本不需要去加利福尼亚州山景城的任何指南,根本不需要从旧金山机场出发的导向。我打赌,乔治亚的乡间小路,你遇到岔路口,于是径直走向一个乡村小男孩,仔细聆听他的指示,仍会发现谷歌没有进一步的用处。谷歌成为在线搜索的同义词,"谷歌一下"正是一颗冉冉升起的词汇明星。话说回来,你是否从来没有考虑过到底是谁在搜索你?

> 即将上任的老板。
>
> 你的上司。
>
> 银行。
>
> 孩子的老师。
>
> 你的社交俱乐部。
>
> 你小孩理想中的大学。
>
> 当地公共事业机构。
>
> 有线电视。

你家的保洁员。

少年联盟。

童子军,女童子军,你参与的任何慈善非营利性组织。

你小孩朋友的家长。

你小孩的朋友。

你的小孩。

你的孙子。

甚至孩子的孩子的孩子……

你的网球搭档。

你的锻炼伙伴。

隔壁的邻居。

下周的约会对象。

你的同学。

以及任何你认识的人。

你的商业竞争伙伴。

你的客户或顾客。

小摊小贩。

求职者。

媒体。

以及任何与你打交道的人。

    网络怪兽知道,互联网对你多么重要,知道如何启动这些按钮。如果你是家庭主妇,他们恐吓你,扬言侵入民宅。如果你是律师,他们攻击你的才智。整容医生成了"刽子手",牧师变成性侵犯者,运动员服用激素,"吾家有女初长成"却得了厌食症,建筑者使用腐朽的木材,警察在酗酒……还有很多很多例子。网络怪

兽恶贯满盈,直捣核心地带,毫无疑问,妈咪们的安全感、律师们的智慧、整容医生双手的灵活性、牧师的忠诚、运动员的潜力、漂亮女孩的健康、建筑师选材的良心、警察的清醒,相当关键,这些都是网络怪兽进攻的目标。脑海里想象一下这幅场景:

一天,一位不甚友善的熟人,恶意给你贴个标签,说你是"赖账的家长",拖欠子女赡养费超过 10 万美金。如果这被嫉妒你的同事、竞争者、当地流氓发布到新闻报纸的论坛中……这还好。然后,"某人"看见了,在社区网站上发表评论,说地方报纸已把你列为欠账的家长。接下去,事情发生了,几天之内,这一消息占据谷歌搜索结果的前五页。从这一刻算起,某些评论和帖子仍然存在,一旦你的名字被搜索,这些评论帖子就冒出来。除非你叫老虎·伍兹、巴拉克·奥巴马,近年来地球上最有名的两个人,大量媒体报道占据前几百页的谷歌结果,不良搜索结果被淹没其中。

问题是,你从来没有少付过一次子女赡养费。事实上,你和妻子、所有孩子幸福生活在一起,你开始打电话给以前的女朋友,询问她们现在的生活,她们的孩子,装作不经意间询问是否有些事自己应该知道,确定彼此没有秘密。然后,你访问网络上主导你名誉的评论,发现关于你电话号码的新帖子暴速增长……你已经被人盯上了,所有的评论含有连接其他谎言的链接。

最后,你不堪忍受,上线,不想太显眼,于是装成另一个人,开始维护自己的名声,结果事情越变越糟,激起民愤,非难你使用假名,你马上迅速逃离现场。关掉浏览器的一瞬间,来不及结束正在运行的程序,直接关机,拔掉电源,扯掉网线,关掉路由器。你把车放进车库,关掉房屋外面的泛光灯,锁上所有门,拉上所有窗帘,调低电视机音量,然后你坐在那儿等待。我不知道你在等什么,但我知道你刚经历一场网络抢劫,老实讲,你处理得很不好。

接下去两年,信贷申请表被拒,有线电视公司坚持要你提前支付费用,少年联盟首席教练位置转交给同事,你的孩子很少收到"通宵派对"邀请,你公司客户询问超多问题,你的派对邀请也蒸发了。

谷歌炸弹来袭,你寻求庇护,期望找到放射性尘埃避难所,最佳指南:"你根本不可能到达避难所。"

所有道路在某一点交会,通往罗马,这是事实。如今,都通往谷歌,无论你选择哪条岔路。

我每天接到来自全球的电话。听完长篇累牍描述恶毒的攻击,接下去总会提一个简单的问题:"你意识到这会变得越来越糟吗?"当我列出三四件可能由此引发的后果,剩下一片惊愕的沉默、一句温婉的诅咒、一声悄然的祈祷。确实,事情只会变得很糟糕,非常糟糕,对苏,事实即是如此。

善行恶报

　　"苏·雪夫毁坏别人的生活……我希望大家都知道。如果你不想听，那请走开。你支持她……我在此发帖，就是要告诉大家 PURE 的勾当，告诉大家 PURE 的相关人士。"

　　即使几年之后，这些言论仍意想不到地影响我的生活。以上只是某个公开论坛许多帖子中的一篇，此论坛制造了许多伤害，之后不久，被作为证物呈给佛罗里达州的陪审团，2006 年 9 月，美好的一天，他们树立一个先例，如同颁给 PURE 和我一个了不起的奖项。但，我不想太早下结论。回到 2003 年 8 月，上述类似帖子塞满电脑屏幕时，我惊讶万分，回不了神，直到强烈感觉到焦虑担心，才逐渐平复了起初的震惊。到底有多少帖子流传在这个论坛上啊，讲了我多少可怕的事情啊？只是克拉克一个人在说吗？还是有其他人也在诋毁我，我到底做了什么，需要承受这样的事？

　　PURE 在那时，刚刚起步，我很兴奋，能为需要帮助的人提供帮助，还能养家糊口——并没有大笔大笔的钱财，但足够维持家里的生计——做自己热爱的事业即是无价的宝藏，能做到这样的人不多，我很知足。工作间歇期间，调查评价项目，提供帮助给成百上千的家长，日子过得很充实。

　　强调一下，很久之前，我决定，绝不收取家长的费用，所以，我的收入依靠经过自己审批的项目费用，现在仍然如此。我提出的建议也分文不取。总有许多值得推荐的项目，但我不会就此而向家长收取费用。如果你想知道更多，可以登录我的网站了解详情，www.heipyourteens.com/faq.php。

　　总之，看到苏·雪夫在摧毁生命的言论，我惊呆了，一开始的震惊挺过去之后，发现自己并不是唯一受到攻击的人，前一天，一篇帖子涉及到无畏网/跋涉者邮件列表中的某位成员，他不过质问克拉克针对我和史蒂芬的声明。在克拉克第一次向我寻求帮助，希望能把儿子从远在哥斯达黎加的青少年学校中解救回来，我把史蒂芬的名字告诉她了。

> "史蒂夫在哥斯达黎加，停留一段时间，访问了另一所学校，花的都是我的钱，"克拉克回答质问，"他撒谎。我有账单、取消的收据，还有证据证明史蒂夫欺骗我。我手上有苏的邮件，是她强迫我跟史蒂夫一同前往，我受够了！！！你应该更正你的说法……你对发生的事情一无所知？闭上你的嘴！没人知道我和我的孩子所经受的一切，你个白痴。你怎么这么笨？还有一件事，你说，'我对某些情况不太清楚。'现在你明白了些什么？"

然后，跟着这个思路，我看到，有人想知道究竟发生什么事情，克拉克的另一个回答：

> "苏·雪夫，她推荐史蒂夫，咨询顾问。瞧他干的好事，简直是世界上最大的骗子。跟苏一样，他欺诈我们，骗取钱财，苏要对此负责。"

那么，我猜，这能解释克拉克的愤怒来自何处。首先，我根本没有强迫她和谁同行去哥斯达黎加的学校，我只不过给了她某个名字，此人我认识，而且也在此产业做事，熟悉某个项目和哥斯达黎加，这地方我从来没有踏上去过。克拉克决定雇佣史蒂夫，我一点不知情，更不知道两人在财政方面的细节。史蒂夫是在教育方面的顾问，似乎拥有克拉克寻找的相关证书，假若他真的在金钱上占了克拉克的便宜，那非常错误，但是我没有参与，不知道真实情况，也没接受不法收入。

毋庸置疑，此刻，我的胃已经开始收缩。我尝试寻找词汇形容这些言论对我最初的影响，无论是身体上、精神上、情感上，还是……没有一种语言能恰如其分地表达，即使有，还有词可以形容事情一发不可收拾时的心情吗？或者，如约翰所说，非常、非常、非常糟糕透顶。

一经找到这个公开论坛，PURE 和我在此成为热点话题，眼睁睁看着克拉克持续不断发帖，发帖速度越来越快，难以置信地震惊，似乎跌落万劫不复的深渊，再没有回头的可能。几天之内，她写道：

> "苏，你要完蛋了。我赌你怕死！你知道你快完了……因为，你曾做的、正在做的通通不道德！！！"

如果，你愿意，哪怕一秒钟，设身处地为我想想，你会怎么做？如何回应？你敢站出去，尝试跟恨你的人理论吗？尽管自己也不明白她为什么这样做，你继续保持沉默，盼望青天白日的梦魇自己结束？

只有处在相同境况之下，你才能做出自己的决定（约翰也能告诉你该怎么做），但是内心处在最激烈挣扎当中，我做出当时能做出的最好决定：我没有立即回应，保持沉默。但是，我在跋涉者邮件列表上的朋友们没能控制自己的情绪，在我不知道的情况下，通过邮件和电话，他们主动联系克拉克，请求她就此打住，此时，事情已经升级到全面开花的攻击——每一个善意的请求只会让事情更糟。

我信奉责任，说实话，我的一些支持者盛怒之下，对克拉克说了一些不该说的话。无论我的拥护者如何使用外交辞令、理智地、聪明地试着干预此事，他们的尝试只会火上浇油，越演越烈。

我刚才说的是火？其实更像全速前进的海啸。

最初一轮惩罚浪潮来袭之时，我根本没有察觉，克拉克公开贴出标有"机密"的邮件，这些是我和她之前私下相互发送的邮件，可以这么说，刚开始接触的日子是快乐的，我努力提供一些真诚的帮助。并不是所有上过论坛的人读了一些评论，就把我定格为坏人，也有些人对克拉克公开的帖子不能免疫，难免受到影响。

为什么是我？到底为什么？为什么任何敢于为我辩护的人都遭到强烈抵制？这些问题在我的脑袋里回荡，得不出一丝一毫的答案，我渐渐意识到，自己可能经受意想不到的恶果，跟我的事业相关。

尽管，虚拟世界里，每个人都有可能成为网络袭击的对象。我开始意识到，某些行业以及该行业相关人员很可能比其他人承受更高风险，因为他们容易引起某些人身攻击。问题青少年的行业里，各种计划对付他们和家庭面对的麻烦，业内，大量强烈情感随时爆发：恐惧、愤怒、迷惑、脆弱、厌恶、深爱。若青少年安置在一个优秀的项目之中，得到理想的效果，能改变生活轨迹，朝着美好积极的方向前进，是多么令人欣喜的事啊。

然而，不是所有结果都令人欣喜，如果加入恶劣的计划，将对需要帮助的少年造成可怕的伤害，常留下时间无法平复的伤口。重申一下，《束手有策：拯救失控青少年的智囊袋》一书，详尽描述了这一行业和我个人经验，此书和我现在撰写的书有着截然不同的主题。有一点毋庸置疑，我处于社会服务业的一个敏感区域，跟此次报复行动有着莫大关系，尽管这不是我应得的。

仔细回想一下，谁会浏览，或积极参与到公开论坛，这里完成了对我的好名声和我组织的名誉所有毁坏。人们关心的焦点放在问题青少年计划。寻求建议的家长，可以在搜索栏里键入关键词，就能找到相关链接，学校辅导员、家庭治疗师，或者心理医生都是好的选择。有些受到过伤害，需要发泄，采用假名，比如"功能障碍节点"（其中一个口头诋毁我的人），或者匿名公开发表意见（许多许多这样的人），或者署上自己的真名疯狂发帖——这正是克拉克毫无顾虑的地方。确切地说，她名字旁边的发帖量显示，2003 年 1 月 18 日至同年 6 月 24 日之间，共发帖 556 篇。

六个月，556 篇帖。WOW！简直超出我对互联网的想象！

瞠目结舌的新发现接踵而至，有一新发展跃然出现，之前我的一些支持者们尝试着保护我，失败了，克拉克却找到了一个同盟，成功推动现在进行时攻击：制造这场攻击的源头网站创办人。

究竟是什么驱动此人自愿加入整场战争？很明显，克拉克目的之一，找到一家论坛，借助网站平台曝光那些不良青少年计划。你也猜得到，经历极大伤害之后，她能得到同情。

这个故事里有三个主要人物，他们的名字我已经更改过了，原因在此不再赘述。

讲到网络怪兽时，约翰会怎么描述这两个人的性格特征，我很好奇。"暴徒帮"是他发明的词，我可以告诉你，暴徒精神开始占据主导，由史密斯领导，热情

洋溢接过控告的棒槌,保护克拉克的同时,不忘用同样的激情强烈抨击我。

举个例子,一位我的拥护者在论坛上发帖,以下是其中一部分:"(克拉克,)你的指控毫无证据可言,如同指控本身一样,根本不是事实!"史密斯回帖道,"征服和分裂在这里行不通,你这个可怜、愤恨的小市民。"

"指控"当然包括恶毒的宣言,以发帖形式,开始在史密斯的网站上势头猛进,大多数帖子来自史密斯和克拉克的二人团伙。

眼睁睁看着这场疯狂的事件升级加速,胜过离膛的子弹,强势壮大,超过火车头的力量,我开始留意到其他事情发生了,可怕的事情,同样不在我掌握之内:我键入苏·雪夫和 PURE 进搜索栏,发现我和我的机构受到攻击的论坛一步一步、一点一点接近首选搜索结果。

三个朋友:SEO

搜索引擎优化

深入了解一点网络搜索机制,用处颇大,因为这处于在线攻击的核心。三个相互依存的元件,卷入收集、组织、呈现在线信息,明白它们的运作原理,十分关键。首先是搜索功能(S),其次引擎驱动结果(E),最后是优化(O),三者共同影响搜索结果。

打个比方,一棵树倒在树林里,没人看见,没人听见倒地的声音,那它真的倒了吗?答案是肯定的。可谁会注意到呢?我想,只有那个把沙滩车停在树下,然后去爬山的人会在意。如果,有人在线公开发表关于你的具有伤害性、隐私、错误的信息,没人找得到,谁会在意呢?或许,你自己会。通常这些信息数量不多。然而,多亏搜索引擎,数量能够大到惊人,苏接下去发现了这一点,只要输入她的名字,眼看着论坛评论置顶搜索结果。

我听到不止一个人告诉新认识的朋友"谷歌自己"。本书中,你不会听到这四个字,我们尊重谷歌为使其不变成一个普通动词所做的保护措施。我相信你一定知道,谷歌(Google),主要是一种搜索引擎网站,在整个互联网运行电子程序("蜘蛛"),所以,谷歌能够捕捉结果,索引结果。键入关键词,计算程序计算出哪条结果应该出现。如果你拥有一家饭店,有人搜索你所处地区饭店,你的竞争对手总在搜索结果中领先,那么,谷歌认为你的对手更重要。或许,他合法经营,采取合法手段,达到现在的位置,也有可能,这家饭店的洗碗工人,趁间隙期间,上网热烈称赞自家食物多么美味,很明显,他的双手很脏,这是个问题,只是不属于你最关心的问题。

你应该知道,搜索引擎置顶的结果带来丰厚的商业效益。我敢肯定,第一个结果是一家网站的链接,比如搜索"为抵押再筹资",会使某人相当富有。甚至只要是谷歌首页的前十条,就能拥有高点击率,占据有利的商业位置。于是,谷歌开始受到热捧(如今已是美国首选搜索引擎),公司、企业、顾问涌向美国专利局,查找谷歌专利,想弄清楚计算程式如何运作,然后试着建立迎合谷歌普及率和相关度的网站。这称为"SEO"(搜索引擎优化),光从字面意思可以理解……寻求领先搜索结果,优化网站特征。

这是"页面之内"的 SEO,你在自己网站上做功课,让其排位靠前,当然还有"页面之外"的 SEO,包括你在网站的别处下工夫,像建立链接,在索引簿上注册,自己制造点传闻。这些都是重要的行话,因为最后,搜索引擎的终极目标返回最可靠、最相关的索引结果。结果越是精确,人们越是喜欢使用这一搜索引擎,吸引更多眼球注视,更多双手点击搜索页面上的"赞助商广告",每一次点击都为搜索引擎创收。根据结果的权威性,搜索引擎对找到的结果进行排序,把拥有许多链接的网站或文章视为网络世界表决的权威网站。过会儿,我会花些时间讨论,这一原则被肆无忌惮地利用,攻击他人。

目前为止,我的解释过分简单,这么说吧,网络上存在整个行业,单单专注提升搜索排名,驱动流量,增加商业销售量。另外,SEO 还有一种模式,最近几年时兴起来:社交网络 SEO。你可以想象,使用社交网络提高排名,肯定跟 SEO 有千丝万缕的联系。

你需要了解 SEO,至少要深刻明白居心不良的人能对你做些什么。幸运的是,你可以为自己做些事情。设想一下"SEO"技巧,不用于积极建立"网络声誉"(这个关键词组,基于搜索结果的个人或企业网络形象),被人利用攻击他人。你好奇隔壁生意突然繁荣起来——他们门口甚至排起长龙,大人小孩不带伞在冷冰冰的雨里排队!——而你的饭店冷冷清清……除了有些人待在酒吧等待隔壁

饭店的预定。洗碗工先生决定谎话连篇诋毁你家饭店……墙上的蟑螂、冰块里的玻璃碴、有毒的食物盛宴。他读了这本书，明确知道如何优化发帖，让诽谤性言论出现在搜索结果，只要有人上网查询你家饭店的名声，这些言论即弹出。让我们现实一点，他根本没有读过这本书，不过有人告诉他怎么做。

这问题有多严重？涌现出一个全新的产业，叫做"声誉管理"，处理此类事件。这些咨询顾问（对的，就是他们，后面我会讲一些他们的小秘密）受雇于某些人和公司，建立对抗诽谤攻击的在线"防火墙"，抵御攻击，修复声誉，总有办法打压负面谷歌结果，提升积极结果，听上去很熟悉吗？Yep! SEO 对抗 SEO。

苏早期受到诽谤，键入她的名字，可怕的言论跃然页面，人人可见。企业公司每年花重金，保证这样的事不落到自己头上。可是，个人、家庭、小企业怎么保护自己呢？我们没有网络营销预算。好消息，不需成本，你也可以做很多，只需一点点精力。

苏和我不针对美国宪法的第一修正案，也不针对自由言论理念。我们不讲引申义、不讨论讽刺、不探究拙劣的模仿、不追究公平。我们的重点不在帮助企业处理公共关系，提升顾客的满意度。本书的核心，深究一种罪行——利用漫天谎言进行恶毒不法袭击，诋毁别人的生活。

苏明白自己惹上麻烦了，大麻烦，日益膨胀的大麻烦。相信我，"三个好朋友的招呼"绝不可能扭转局面。

腹背受敌

最初回应

面对声誉攻击，最大的挑战，解决混乱不堪的问题。假设，你对我们的三个好朋友不熟悉：搜索、引擎、优化（SEO），你会置之不理，听之任之吗？你会猛烈反击，心里清楚，感到满足的同时，隐隐察觉这一举措会带来敌人更强硬的回应？一方面，无助的情绪摧残着你的身心灵魂，另一方面，精准的判断力，自夏娃第一次感受到饥饿，就成为社会的一部分。难题来了。

生存还是毁灭，这是个值得考虑的问题：

默然忍受命运暴虐的毒箭，

或是挺身反抗人世无涯的苦难，通过斗争把他们扫清，

这两种行为，哪一种更高贵？死了，睡着了，什么都完了。

倘若在这一种睡眠之中，我们心头的创痛，

以及其他无数血肉之躯所不能避免的打击，都可以从此消失，

这正是我们求之不得的结局。

死了，睡着了，睡着了也还会做梦。

嗯，阻碍就在这里。

这段哈姆雷特的经典独白，鼓舞多少评论家尝试领悟话语间的真实含义。许多人读出了哈姆雷特的选择，积极(to be)，抑或消极(not to be)。

从这一点出发，你如何处理网络攻击的毒箭，是个至关重要的决定。大多数情况，武力对抗攻击，属于自杀性网络行为，这一说法略显夸大其词。但是，有时候，这确是真切的事实。如果你认为，奉上抵御，仇人会放弃甚至忏悔，难免大错特错了。你越是还击，越是拿起武器在"汪洋苦海"中战斗，越是有成堆的问题涌现。看看苏吧，当朋友蜂拥为她辩护，结果事情越演越烈？让我们先来谈谈汪洋苦海，看看哈姆雷特有没有采取行动。

在东海岸的滨外岛屿，你是个幸运儿，坐拥美丽的避暑别墅。每逢夏日，你看见奇妙无比的大西洋美景。以前挡住你观看海豚追逐海浪嬉戏的小沙丘，慢慢矮下去。每个夏天，那条通往沙滩的小路，布满深深热乎乎的沙子，带着越来越多的塑料玩具、沙滩椅、清凉饮料、运动装备，还有其他重要的配件，你翻过小沙丘。这条路似乎越来越好走了。生活简直太美好了。

某个早上，隔壁推土机的噪声惊醒了你，邻居真心希望生活变得更美好一点。他在自家庄园夷平沙丘，想立即享受美妙的景色，想更快到沙滩。

你首先注意到，邻居家新近摆弄的沙滩排球场上条条黑线，曾经那儿是老沙丘。满月将近，每天早晨，海浪线越来越接近邻居的别墅，你知道，这是涨潮的标志，预示即将到来的麻烦。可是，你的邻居，欢迎这位大自然的恩人，让新建的排球场地基将会变得更坚实。

慢慢地,沙滩上的人越来越多,尽管旅游局称旅游人数减少。可能你还没意识到,海平线一步一步接近你钟爱的假期胜地,使得去沙滩的人们迫不得已步步退到小沙丘。然后,第二天早上,浏览早报的头条新闻,发现,自己憧憬的海边美好生活变成个人的"汪洋苦海"。

报纸说,市议会发布一份报告,预测海滨住宅区的第一排别墅,三年之内,将葬身海底。你处于障岛沙洲,大自然与大陆融合之地。化粪池系统已经失灵了,剩余的小沙丘将不复存在,海滩慢慢消失。必须立即采取行动:增收特别税,用于修建海堤、种植海草、安装沙篱、采取大规模沙填充项目、禁用化粪池系统失效的房屋。现在事情进展到哪一步了呢?你家通往沙滩的小路被封,邻居家的前甲板钉上"查封"的橘色指示牌,街区的孩子们以此作为 bb 枪的靶子。

你会放弃自己梦想之家吗?你会反抗?要是反抗,会不会没有结果?修建个人海堤或者防波堤,看似谨慎的行动会不会有毁灭性的危险?难道整个小岛注定灭亡,成为遗迹,在未来的某一天,被海底探险家发现,他们不敢想象愚蠢至极的人们竟选择在这么个屏障岛上安居乐业?

问题来了。攻击之下,你如何知道自己到底应该做什么?是听之任之,承受成为目标的厄运?还是,你站出来反抗?或者作为回应,你干净利落回掷一份弹弓毒箭混合装礼物吗?想象一下他们可能还送的礼物:一件橘色的毛衣,背后装上一个靶子。

控制网络攻击第一步,也是至关重要的一步,判断这样的攻击是否可以忽略。鉴别阶段,问自己几个问题:

1. 无论诽谤的内容是什么,考虑它会被人看见吗?
2. 如果被人看见,那么,你在乎的人认为可信吗?
3. 如果可信,现在甚至将来,对你和你在乎的人们有伤害吗?
4. 如果有伤害,这是更大攻击的序曲吗?

可能被人看见吗?

你的名字被搜索,诽谤言论出现在谷歌的哪些位置?这是最关键的问题。如果不出现在谷歌搜索结果里,通常没什么好担心。如果结果里找得到,每天关注,看它的走向如何。走势很重要，今天藏匿于谷歌庞大结果中的某篇污蔑性的文章，明天可能出现在搜索结果头条。再进一步，你开始思考得更多。SEO处理过的帖子将更有效攻击你吗？你或许不知道答案，专家只需简单浏览搜索诽谤页面，查看相关网页，答案就出来了。若你能识别诽谤的动机，就能在适当的背景下解释这些帖子，策划更有效的回应。

可信吗？

发帖匿名好吗？有人使用真实姓名，会使评论真实可靠吗？这样合法吗？细节显露真相。使用"过火"、混杂、不连贯的指控，配上糟糕的语法，搭着粗鄙不堪的词汇，大放厥辞评述自己的观点？其他人灌水表示同意？

有伤害吗？

最艰难的事情之一，忽视关于你的赤裸谎言，网络世界里，我们必须这样。最恶毒的诽谤攻击你的伦理道德，尤其牵涉家人和事业。你或许不喜欢别人在网上批评你的外表，拿你开涮，这样的中伤很没品，也不恰当。如果，有人叫嚣你是个垃圾的足球选手，你整过容，你是个废物，这时，要放下自尊，问问自己，这真的伤害到你、你的家人、你的事业吗？小心谨慎，不要闷葫芦，你会崩溃。我建议你找个朋友，让她告诉你这是个问题吗？遭受诽谤，受害者一般反应过度，或完全忽视。你需要一个平衡客观的见解，诽谤攻击你、你的家人、你的事业、你的声誉和你的生活所带来的伤害。

这是坏事的开始吗？

就帖子自身而言，是坏事的开始吗？把问题扼杀在摇篮之中，相当重要。作为企业，合法顾客写了一条看上去伤人的评论，应该用公开和解的方式处理，阻止任何潜在的诽谤。在这里，诚实的抱怨不在我们要对付的范围之内。一个极端的例子，一条评论被贴到Slashdot.com，一家致力于为技术人员发布技术新闻的网站。评论蔓延至整个网络，导致网络大塞车，势不可当，只需几个小时。重要的是，接下来会遭遇帖子里的威胁吗？苏的案例里，她收到过警告：苏，你完了，紧接着一串威胁的话语。这是危险信号。

保证自己处理问题、找出解决手段时理智些。缺少法律命令或网站站长的请求,没人能够强迫谷歌撤下指向虚假诽谤言论的搜索结果。取得法律强制令,是个代价高昂的过程,伴随一堆复杂的影响因素。要是你认为网站准备撤销诽谤的内容,因此花上大把的时间,网站也拒绝照办。事实上,太多理由阻止他们不更换评论内容,包括《通讯规范法》(CDA)第230条的自我保护,这部联邦法律授予网站主办方对第三方发布诽谤言论的豁免权。网站站长所做的只是不要编辑移动任何帖子,那么豁免权即生效。结果,你几乎不可能说服网站去除明目张胆的谎言和诽谤。《通讯规范法》第230条简直堪比"网络有毒废物设施法案",使第三方内容网站变成虚拟垃圾箱,装满坏话小话谎话、鲜活的谷歌炸弹指示。这些网站可以成为不法之徒恶劣行径之藏污纳垢之场所,配上恶毒浓汁滚滚冒泡溢出仇恨谎言。欢迎第230条,不可预料后果的不折不扣典型。

如果你发帖反驳,会使该网站或网页更加强大,在谷歌看来,关联性更高,搜索名次步步攀高。大家知道,"顶"一篇帖子,其实帮了诋毁者的忙。这类网络招数随处可见;时不时会有一个匿名的胆小鬼不知道从哪里冒出来,评论一篇诋毁性的博文。搜索引擎最喜欢新鲜的信息。别被网站忽悠了,它试图侮辱你,想让你回应甚至反击。无论自己的反驳看上去多强大,回复只会"顶"帖至更显眼的位置,更新相关谷歌搜索结果,这让你的头痛加剧,成为偏头痛。一旦"顶"负面信息,很可能陷入"史翠珊效应",要尽一切可能避免,否则双重危险。"史翠珊效应"一般指一种现象,网上尝试删剪移除某部分信息,导致逆火,出现反效果,引起更多公众注视,因芭芭拉·史翠珊得名,她提起诉讼,出于隐私和安全因素,要求某网站删除已公布的她家航空拍摄图。基本上,一群人串通起来对付某人,推进正在受到投诉的问题,搞得这个问题众所周知。他们再一度使用暴徒精神取得成功,宣传推广主要依靠广泛再传播恶毒的材料,或者攻击评论。真正的技巧在于,参与者可能汇集成千上万,来自世界的各个角落,开始相互联系彼此,反复联系。他们通过链接,使用"页面之外SEO",使得谷歌在搜索结果显示这些攻击诽谤。链接是最强大工具中的一部分,用于搜索引擎优化,不要惊讶,一切很和谐地发展。史翠珊案子里,引起了全球评论性逆火,造成全世界近50万人偷窥她家豪宅的图片。自由言论狂热分子察觉到,通过开展这类攻击,能够保护信息自由传播,扬言利用"史翠珊"式的袭击,目的在于阻止、恐吓、封锁遭到不当行为侵害的当事人言论,真是讽刺的纠结。像街区的流氓恶棍,传达明确的信息:闭嘴。

这就是麻烦发生之前,在线建立抵御措施如此重要的原因。我向你展示如何操作。一些人会发现自己遭受严重诽谤,完全不受保护,因为你的海堤还未建成,你的沙丘还未筑成,沙滩还未充实。如果事情发生了,在你直接投入与敌人战斗,"自救"自己之前,考虑咨询一下专业战略家和谋士。如果你要拿起武器在网络社区里反抗,做好遭受无耻暗箭明枪的准备,因为,你穿着防弹衣再去战斗,其实只是一件明黄色的毛衣……背上挂着一个靶子。网上的邻居们于是开着推土机现身了。

模糊、聚集、删除的娱乐

匿名言论

苏陷入艰难困境,虚拟世界暗杀式谎言围攻,至少,她知道将会发生什么,知道源头在哪里,只是,放眼四周,事情演变得越加污浊不堪,人们从四面八方涌来,匿名化名积极讨论此事。这些人是谁啊?为什么这样污蔑我?至少,刚开始,她知道诋毁者是谁。如今,大家匿名发帖,完全不受社会法则、行为规范的约束。苏害怕未知陌生事物,反复问自己:他们有什么权利中伤我?

匿名讲话是言论自由权利表现的重要方面。言论自由,当然受到第一修正案保护,最高法庭一直保护你们言论的权利……"保护匿名言论对民主进程至关重要。"如今,匿名化名背后看似神圣不可侵犯的权利,越来越危险。事实确实如此。

大量证据表明,互联网应该改变最高法院对匿名言论神圣不可侵犯性的看法。匿名发表意见,不会招致任何代价,却触及到世界的每个角落。网上匿名评论带来的伤害很强大,传输渠道畅通无阻碍,言论本身影响可以由技术手段控制,接受者能够巧妙地被控制,公共利益缩水,匿名发言者的真实身份几秒之内抹去。事情继续这么发展下去,总有一天,最高法院宣布,剥夺匿名言论权利。

许多匿名发帖人致力于网络攻击,无论使用匿名标签,还是化名,抑或假装的身份,他们害怕披露自己真实身份,不敢面对所谓的"指控",害怕被捕。当他们恐吓抢劫别人的生计、好名声的时候,自由匿名言论就是他们的虚拟滑雪面罩。他们的律师争辩道,匿名言论的权利是我们国家的根基,正如联邦党人文集是亚历山大·汉密尔顿、詹姆斯·麦迪逊、约翰·杰伊匿名写成,支持美国宪法正式失效。

另一方面,56 个男人签订了《独立宣言》。或许,只有约翰·汉考克看到坏的方面,我想,他的签名是鼓舞人心的宣言,他相信文字,不必害怕应对后果。如果他当初签下的是"裘力斯·凯撒"、"成吉思汗",或与之齐名的其他"匿名",这些制宪元勋的梦想又会变成怎样呢?

总之,好消息,网络匿名绝对不享有权利。法庭长期认同揭露虚假 ID 的必要,诽谤的人、发送垃圾邮件的人、非法入侵他人电脑的人、某些情况下利用错误商业言论的人……他们的匿名身份几乎不受保护。每台电脑或者所连网络都有 IP 地址,像街道号一样。法庭对某家网站的传票可以捕捉到犯罪人的 IP 地址,接下去对互联网服务提供商(ISP)的传票将会确认"匿名言论"发表时的用户 IP。运作很成熟。

褪去匿名发帖人面具过程中,通常,会出现两个实际操作的问题。ISP 一般只能抓住短时间内的网络记录。议会尝试强制执行记录留存,可能出于主要的电子邮件服务商有这么一项政策,90 天之后消除所有记录,妨碍到对"9·11"恐怖袭击某个主谋提起诉讼。我们应该支持这样的立法。

另一障碍更棘手。发布这些攻击性言论的网站选择不保留访问者,及其所做之事的记录。自动生成的记录,叫做访客流量统计文件,许多公共利益团体公开指导如何清除这些文件,清除个人可识别信息,这些信息能够鉴别出违规者的身份。他们甚至点名指出三种值得推荐的技巧:模糊处理、聚集、删除,但是根本没有提醒,只要一纸要求提供记录的通知单,删除日志文件即为违反法律。一些人想知道,包括我,这真为了"公共利益"吗?

我们该怎么做呢?我们需要议会修正《通讯规范法》第 230 条,要求日志文件的完整保存记录,为网站争取豁免权。如果你和你身边的人写封信给议会,寻求这样的改变,却署上"匿名"二字,议会能怎么做呢?你需要勇气,敢于坚持自己的通讯权利,但是,要谨慎。自由言论扩张主义者可能煽动一大帮狂热支持者展开一场侮辱运动攻击你。想象下那是怎么一幅场景。

　　苏会知道。

红字

"苏·雪夫是世界上最大的骗子……"

"PURE 和苏·雪夫压榨我的家庭……"

"像苏这样的骗子必须曝光……"

"她把孩子放进危险的计划中……"

"我不愿看见还有孩子通过苏和 PURE 之手,

被送到另一个青少年计划……

我只是不愿他们沦为牺牲品……"

"苏根本不明白讲真话的意义。她只知道自己的网站,

谎言赤裸裸摆在上面,全是虚假广告……"

"这跟她缺乏道德规范,缺乏职业道德相关……"

"PURE 和苏还有她的同事都是骗子……显而易见的事实……"

"PURE 让每个人身处危险。我建议,

所有跟 PURE 有联系的人们退一步反思一下……"

"PURE 摧毁任何跟他们联系的人们的信誉……"

这样的诽谤接踵而至!克拉克说,"苏,你完了",不是随口恐吓。我被威胁死定了……只是目前还没有。羞辱?难堪?愤怒?随你猜,附加十种别样情绪滚成你能想象得到的最大最混乱的雪球。

似乎我对此无能为力。Hey,打起精神来,你可以做些事情!你可能会想——我在写着书,知道会发生什么……我必须提醒自己,2003 年,我没有那么多资源可以求助。真希望那一年我认识了约翰,可以得到他法律才智的帮助,真希望我知道后来发生的事情,但愿如此,但愿如此,但愿如此……

不幸的是,时间不可逆转,历史不可改写。如今我只能提供网络诋毁名誉的

大致模样,很丑陋,然而,远远观望,攻击目标不是你,这类攻击则相当具有吸引力,或许夹杂一点震惊,那些喜欢《驱魔者》的人,还体会到稍许愉悦的心情。像一堆汽车残骸,你移不开眼睛。

真正糟糕的地方,太多无辜的旁观者一路受到袭击。或许,他们坐在乘客席,轮胎摩擦路面薄冰,相信你能控制好方向盘。或许,他们是善意的目击者,在第一现场出来疏导交通。或许,他们只是站得离"信息高速公路"太近了,要是没有及时迅速闪开——砰!一堆马路残骸。

联合毁誉。即使你最信任的盟友也会本能寻求自保,背离最崇高的道德制高点。换位思考一下:你是拯救自己,还是救一个不断下沉的溺水者,他完全不识水性,安全的海岸离你越来越远?你选择救人,那么你们两个很可能都遇难。然后,你做出聪明的选择,尽管是个很艰难的决定,至少你们中有一个可以生还。此外,你有妻子/丈夫,孩子,事业。最后,综合所有因素,只有傻瓜才会选择救人。

公开羞辱会是所有人经历过最坏事情之一,无论来自小团体,或媒体大规模报道。当污蔑苏号飞机起飞,一鼓作气腾空至平流层,我失去在舆论法庭中为自己辩护的能力,该法庭本身没有恰当的相互制衡机制。即使八卦杂志上的黄色新闻,仍经过责任性的裁量才决定出版。大多数报纸试图小心谨慎一些,编辑不用更正启事,也不用道歉启事,那么,网站创办人难道不应该被要求遵守公民话语的行为标准吗?难道不应该对白屏黑字的网络报摊所有权负有一定责任吗?

这种完全放任自流的能力,无须一丝一毫的证据,无须一点一滴的真相,就可以在网络上随意评价任何人,当成确凿的事实,供世人观瞻,当时,对我没有意义,现在,仍对我没有意义。只是,事情远非如此简单:被公开诋毁,你不希望任何人知道,不希望任何人看见,这不仅令人痛苦且难堪,一旦,一条谎言反反复复传播,慢慢地,它如同真实发生的事情,假如,谎言开始让你自己质疑自己,那么别人一定会退一步想想,是不是这些指控毕竟存在一定的真实性。

我不想任何人知道,我也不想任何人看见,我没有告诉朋友和家人。屈辱的感觉深深,深深地埋在心底。

说到工作,我照常每天早上开车上班,谨慎之心代替热情蓬勃的心情,总觉得需要频频回头看看,令人毛骨悚然的猜疑蔓延开来,我的电话不及以前那么频繁了,是因为流言已经蔓延开来,我的声誉不如以前那么值得信任了——记住,

声誉是一切,要不惜一切代价保护。既然,你最亲密的伙伴同你一样珍惜名声,那么,小心点,别靠得太近,会传染。毕竟,谁想要卷入欺诈骗局呢?谁又想自己的信誉被踹进道德沦丧的社会最底层呢?

没有办法让我弥补此事。这是真实的交易,请读下去。

匿名:"史蒂芬所作所为完全是欺诈,苏肯定是帮凶,起了关键作用,他们俩该为自己行为负责。"

克拉克回复:"对。(他们所作所为)叫做欺诈,一帮人联合起来密谋的欺诈。人们应该要求这些人为他们(史蒂夫、雪夫、跋涉者成员)行为承担责任。"

谁是"匿名"?我认识吗?现在,跋涉者要对什么负责?跋涉者的人们除了投票表决把克拉克从组群中删除,然后努力为我辩护,还做了什么啊? 克拉克对他们的诋毁没完没了:

"我现在要讲 PURE/跋涉者,我跟他们打过交道,二者相互勾结,编造故事。如果你们曾与之有过联系,我为此感到遗憾。他们是一群伪君子。"

匿名:"照你这么说,跋涉者全是骗子。"

克拉克回复:"我说的是,苏/PURE 是骗子。如果你站在他们一边,你就站在骗子身边,那么,对我而言,真相于你无所谓。"

这些匿名的人是谁啊?是同一个"匿名"还是换了个人?或许,不是同一个人,因为第二个匿名发帖人似乎没有第一个那么充满敌意。紧接着, 更多匿名出现了:

"我认为,红色毛衣(她穿着的)根本是想做虚假'魅力照片',努力让她看起来更好。这几乎成功了。"

这人讲的是什么照片啊?难道我的照片被贴到别的网站上了吗?还发生了什么事,我怎么一点不知道?我身上显露出妄想狂的征兆吗?我正在看下一篇匿名

帖,她直接称呼我的名字,彷佛知道我在潜水,想往我脸上吐口水:

> "女士,若有人需要三思后言,那就是你——尤其你标榜自己成
> 爱心妈妈,随时准备帮助别人。你对信任你的人隐瞒了真相。我绝不
> 会相信你的鬼话,说什么别人的孩子身上发生了什么好事。我希望,
> 有一天,你能为你的贪婪和冒牌慈善付出代价。"

那么……我确实需要三思后言。但是,我还没有在这个网站上说过一句话,
难道有人冒充我?振作啊,苏!冷静!

人们躲在你背后,不断警告:"苏是个麻烦,她摧毁我们的信任。人们要避开
她身边的论战,与她交谈的人们应该知道这些,尤其是家长……"此刻,想冷静下
来,面临比平时更大的困难,尤其家长们开始咨询,做出以下回应:

匿名家长:"我正寻找一所治疗性寄宿学校,已听说 PURE 在这方面做得不
错。我被误导了吗?帮帮我。"

"功能障碍节点"回复:"正确,你被严重误导了。请仔细浏览该网站,认清
PURE 的真面目。为了节约您的时间,直接说了,金钱。很可能,你会把你的孩子送
往一所烂透的学校。为了你的孩子,问清楚问题啊!"

无须说明,我们没有机会回答家长们可能提出的任何问题。

意识到,我的组织处于危险境地,网络攻击犹如一记棒球棍,敲在膝盖之上,
永远残疾。越来越明显,这一切从克拉克的报复开始,加上史密斯的协助,聚集一
堆匿名、化名人士刺耳嘈杂声,激动万分,足够才智和理由,给这帮乌合之众打造
一定的公信力。

同时,我的一些专家伙伴质问起我的信誉。那时,我并不知道,自己的名字已
经从北加利福尼亚学校心理咨询专家推荐目录中删除,就因为反对过一位治疗
师,而这位治疗师曾多次举荐我,后来,一份证人证词中发现这一事件。很明显,
他的一位客户联系我之前,先做了份功课,发现我是个剥削家庭,把孩子送进危
险项目的骗子,惊骇不已。自从越来越多人确定我的身份是骗子,专门利用虚假

广告蒙骗家庭上钩,任何人只要相信 PURE 网站上的信息,付出的代价就是自己的孩子。于是,我的这位教育心理学家同僚,以后出庭作证时:"我马上停止向客户推荐苏女士和 PURE……因为,我个人认为,如果我把自己的客户推荐到那么一个受到如此之多攻击其服务的公共言论的人那里,那么,我自己的信誉也会受到影响。"

我们玩得开心吗?不够开心,再邀请一些 VIP 来我们的派对。比如布罗沃德镇的家长教师协会(PTA)?你们知道,这是我居住的城市,也是 PURE 的根据地。这里的学校,我付出无数时间,和辅导员见面,同各种团体讨论,包括家长教师协会和美国商标专利局。

没有人闲着,史密斯决定在布罗沃德县家长教师协会网站的讨论版留言:

回复:所有赝品商人。

来自:(史密斯)

日期:11 月 4 号

时间:20:25:04

评论:

我听说,PURE(苏·雪夫)招募进布罗沃德镇学区。你应该知道,XX 是 PURE 学校与项目网络的组成部分。这是个老骗局,很早之前就看到过,"经验很神奇,能让你在再犯错误的时候,识别出这个错误。"——马克·吐温

很好,马克·吐温搬出来了,指认某人的错误(即,停止与苏·雪夫工作,否则,你会后悔的)。史密斯证明自己有文化,取得信任,对于她提到的学校(XX),由于一场悲惨的事故,这所学校被吊销执照,能证实我支持这样的学校,她早该乐坏了吧。

PURE 从来没有拥有、管理、运营任何一所学校或者项目,所以,说我们拥有"一套学校与项目网络"不正确。我们主要目标是,传输各种各样项目的信息(好、坏都有),无论这些项目出钱请我们推荐它们与否。但是,我们从来没有接受上述

项目的付款，它不属于我们通常推荐给家长的那一类项目。考虑到那场悲剧性的事故，PURE跟它早完全没有瓜葛。把PURE牵涉进这个项目，甚至跟它关闭的理由联系起来，简直歪曲事实，颠倒黑白……让我喘口气。

顺便说一句，这篇帖子完全没有引起我的警惕，直到2003年11月31号，新年快乐！看看光明那一面，至少感恩节和圣诞节缓冲了访问该讨论版的人数。

然而，就在这一段时间，我未公布的家庭电话号码出现在史密斯的网站，不过移除得相当快，我刚从一位为数不多的忠实支持者那里听说，马上就被删除了。当时，不禁猜想，这意味着转移到离线个人攻击了吗？会不会有大量诋毁者打电话到我家？接下去要发生什么啊？

出现了几种状况，预示怀疑的种子撒在肥沃的土壤之中。我的网站上有个故事，一位年轻的小姐讲述自己在某个项目中的经历。玛丽，我这么称呼她，不过是个小角色，不应该牵涉进这团混乱。某一天，她联系我，请我删除她写的文章，然后，我照做了，没有异议。差不多几周之后，她再次联系我，道歉说，她之前的决定是错误的，如果我愿意，可不可以重新贴出她的故事。玛丽看上去很沮丧，我不想追问其细节，给她压力，我知道，谁躲在这件事背后，决定调查一下史密斯的网站，看看自己还能在论坛里做点什么。

我不知道自己到底在寻找什么，不消一会儿，我找到让我尖叫的证据……如今保存起来，作为呈堂证供，供子孙后代瞻仰。似乎，克拉克决定亲自出马，发送了一封私人邮件给玛丽，然后在公开论坛上，骄傲地张贴出自己的手工杰作——附带这个女孩的回复。

"Hi，玛丽。我的孩子在哥斯达黎加的学校上课。我写信给你，因为我看见你发表在苏·雪夫网站上的帖子，想让你知道，要是你跟她有联系，你会失去信誉。她对孩子的事情一无所知，完全不知如何满足孩子的要求。她推荐的学校疏于管理，所以跟她有关系十分危险。"

克拉克随后张贴玛丽的私人回复。

"谢谢你的建议，我绝不再和苏联系了，尽量把我的故事从她的

网站上撤出。——玛丽"

然后,我的一位辩护者,来自跋涉者的朋友回应道:

"玛丽拿走在 PURE 上的故事,因为你在骚扰她。"

克拉克马上还击:

"首先,我没有骚扰她。我只是告诉她,考虑到苏的职业及其他因素, 苏绝对是个要避而远之的人。你们这些人为什么总想粉饰太平呢?你们不断控诉,远离真相。小心你们说出来的话,你们控告别人的话,或许,有人会相信你们。"

Okay,我们把简单的事越弄越复杂,玛丽正在拍摄一部电影,关于解决青少年在劳教营受到虐待的事儿。我完全置身事外。自从我树立了自己的声誉,成为青少年家长值得信赖的资源,为他们提供有效安全项目的信息,电影里就有一个通往 PURE "Helpyourteens.com" 的链接。

对付完了玛丽,克拉克转而跟随电影导演,我们叫他比尔。不用多久,我知道克拉克与比尔之间的私人通信。再一次,私人信件发布在网上:

"亲爱的比尔:
你将会遇到一些麻烦,关于玛丽,她参与这部电影。她与苏·雪夫有关系。谁跟苏有关系,都会很不可靠。——M.克拉克"

"克拉克女士:
玛丽根本没有跟苏·雪夫联系。她们过去通过信,但现在不再相关。我们对玛丽已经做过功课,她现在拥护青少年、阻止虐待。在此,我不能展开讨论, 我们保证尽全力做到电影的最佳真实度。仅供参考:在我们调查清楚之前,Helpyourteens 的链接将会被撤下。

十分感谢。

——比尔。"

克拉克向整个论坛宣称：

"如果你注意到玛丽邮件的时间，可以看见，在我同电影导演联系之前。我相信，我同上述两人通信，影响到玛丽的故事从 PURE 公司网站撤销。"

假设，这是克拉克主要胜利，她可以向别人诽谤我，可以把我公司链接撤销。但是，我心里还有数不清的问题：为什么？到底她毁我的动机是什么？谁会仅仅因为从一个邮件列表中删除而郁积这么深的怨恨？她似乎靠着我耗尽的能量壮大起来，她对另一个人造成的伤害，没有一丝自责。我想，她清醒得很。这一切经过精心策划，像一个外科医生，在没有麻醉的情况下，挥舞虚拟手术刀切除某人的内脏。残忍吧？当然。这场攻击似乎由一位心智大师执刀，而非一个疯婆子。

另一方面，我开始承受情绪折磨，失眠，在私人角落痛哭，以前参加会议或其他公共事务时，微笑那么简单自然，如今，只能强迫自己挤出笑容，其实也不必勉强自己微笑，因为收到的邀请越来越少。

我知道，事情不会这么快结束——事情确实也没有朝完结的方向发展——我别无选择，只能做点……什么。这个什么是什么呢，我不知道，认识到，形势逐渐接近临界点。虽然如此，细数自己的幸运，我仍真心怀有感恩之情，至少我在商业改进局的会员资格还没有被吊销。

亡羊补牢，为时已晚

搜索引擎之名誉引擎

很快，苏发现谷歌不仅是最重要的搜索引擎，占据统治地位，而且是最值得信任的声誉搜索引擎，意味着，某人做某项研究，或想调查一下

你,会上谷歌,看看别人如何评价这项产业或你。作为个人,你应该保护自己的名声;作为企业,你应该保护企业品牌,以及对企业关系重大的人们的名誉,比如所有者和执行官。对大多数人而言,谷歌是唯一需要担心的声誉引擎,第一搜索页面出现的前十个结果,至关重要,只要其中有一个负面结果,马上抵消掉剩余9个正面结果传达的信誉,那么,个人、小型企业、财富500强首先要控制谷歌搜索结果第一页,虽然其他页面也很重要,但许多人只看第一页。

想想,搜索性质决定名誉影响的范围。如果,搜索你的脑外科医生,你会深入研究这些搜索结果,有可能看到第25页。如果,你查的是理发师,浏览第一页足矣。动机再次发挥作用,如果,某人真想了解你,搜索很广泛,千方百计挖掘你的丑闻充当炮灰。苏开始明白虚假负面的网络信息带来的影响。诽谤攻击从各个方面打击苏的事业:他们试图诋毁苏的声誉,潜在的客户直接跳过苏的机构;他们奔走于各个社区组织和第三方,抨击苏的信誉;他们甚至发起运动,要求切断苏的推荐资源,这对从事医药和咨询行业的企业来说,是至关紧要的一部分。

我看见,许多人为网络上某条伤害的言论搞得困扰不堪,这条言论却绝不会排到谷歌搜索结果前列。一般来说,不必为此担心。事实上,一旦关注,这条言论将引起注意,制造"堆砌",这篇帖子发生演变,获得动力,冲到谷歌结果的前排。

许多网站能为你的信誉名声制造麻烦,每个都以一次性为基础进行处理。如果你是易趣的卖家,会知道信誉评价等级系统,Amazon也有。你若在旅游行业,很可能熟悉饭店、景点等的主导等级服务。有些网站专做清除库,报道蜚短流长的敲诈和骗局。苏的案子里,她在对付一家"评论网站",其具有行业针对性。若你十分担心,想处理网站所有关于你的言论,那么,名誉监视与管理公司(以后我们会再深入探讨)可以帮助你,根据你的需要,他们的服务收费从一般收费到每月1万美金不定。事先警告一下,你发现,完全控制自己的网络形象不可能。其实,有没有声誉管理公司的帮助,都有办法处理虚假污蔑的攻击、粗鲁的隐私侵犯,以及其他相关的诋毁信息。

决定采取何种手段对付网络攻击,类似应付流感。自己决定,接种流感疫苗是否明智,在朋友患上流感时,选择怎样的回避策略。如果流感病毒越来越靠近你家,你又该做出什么样的反应呢。早晨起床,感到不舒服,你会去看医生还是直接去附近的药店。如果预先做好准备的话,你就可以冲向药箱了。你的能量减少,如何能处理工作,体内战争肆虐,摧残着你,床看上去是最舒服的地方。战后余波,你判断自己犯了些什么错误,决定以何种速度及顺序从中吸取教训。

这跟管理自己的网络声誉一个道理。

好消息,无论你是否积极主动,提前修筑你的防御,警惕监视周围环境,或者努力应付已存在的攻击,使用的手段和工具,绝大部分相同,不同之处在于把握时机。流感疫苗在你感染上流感之后,完全不起作用。只要你病了,无论你曾多么用心避免流感,你也能够使用相同技巧开始抗击病毒的影响。检查自己网络药箱的装备。很少能治愈,影响却可以控制。很明显,最佳解决方案,好好休息,这样你可以避免疾病,缩短疾病影响的时间和减轻其强度。让我们开始寻找这些症状……还有早期警告系统,借此提醒自己,麻烦即将来临。

开始行动之前,记住,事情本来的面目。社区流言蜚语令人相当沮丧,其早期几乎不能处理。谎言在身后蜚短流长,自己却是最后一个知道的人,因为你的朋友不想让你难堪。谢天谢地,网络并非如此,信息公开流通……十分通畅……公开的信息流,是的,我们在对付一把双刃剑,伤害的也是双方,那么,可以安装一个早期预警系统,一旦你的名字在网上被提及,几分钟之内让你知道。苏没有这么做,后果很惨重。也可以更广泛地监管自己的名声,利用大量价格合理的商业解决手段,甚至世界银行免费提供声誉监测系统。不像流感疫苗,你不必走出家门,也没有不良反应,更不必挨针。

顺便提一下,下一章,你将阅读到我对建立早期警报系统的想法,很简单。

覆水难收

早期警报系统

温斯顿·丘吉尔曾说,"真理还没有来得及穿上裤子的时候,谎言已经满街跑了。"

如今信息流通的速度快到惊人。丘吉尔此话精髓在于,及时情报至关重要。幸运的是,我们能做自己的情报局,通过电脑,使用免费、容易获取的工具。问题出现之初,你得到尽可能多的警告,非常重要,能够预防细小的烦恼演变成全方

位暴徒袭击。每个人需要配置早期警告系统。

还记得，2004年毁灭性的印度洋海啸袭击海岸，海水退去之后海滩上可怕的景象吗？当然，修建海堤、加固建筑物，甚至防止门外的家居成为飞弹，都为时已晚。一些幸运儿跑掉了，躲过这场灾难，大多数人继续在海边浅水嬉戏，太晚了。在此澄清，此书的讨论不能跟这令人欷歔不已的遇难人数相提并论，数字应该是一个赤裸悲惨的提醒，灾难一定会发生，来之时毫无征兆可言，数字还是一串号召你行动的呼喊。千万别抱着等等看的态度面对网络声誉。第一波突然来袭，第二波、第三波越演越烈，你注定无处可逃。

回到2003年，苏麻烦开始之初，暗地攻击很容易、很普遍。如今，可利用的工具形形色色，其中一些存在于苏保卫战之前，一些从那时起才出现。如果，采取我的建议，类似珍珠港偷袭事件将少得多。过去六年，网络取得极大进展，你完全能够建立有效防卫措施和坚固的早期警报系统。

以下三件事需要你注意。首先，你名字的使用。其次，内容的使用。最后，你的网站或网络财产。很明显，使用真名，至关重要，也是早期警告系统主要目的。同时，版权和黑客值得关注，也与针对你的网络攻击相关。

三大主导搜索引擎分别是微软、雅虎、谷歌，均提供"预警"服务，即，你能要求搜索引擎提醒你，无论何时你的名字被提及。操作如下，把你的名字输入进一个简单在线表格，附加你的邮箱地址，然后，只要搜索引擎遇到你的名字，都以邮件方式通知你。建议在以上三个引擎里注册，最重要的是谷歌。记住，谷歌是声誉引擎，占统治地位的引擎，你最应该关心的引擎。如谷歌没有找到针对你的攻击，那你完全无须担心了。

建立谷歌预警，只需登录 www.google.com/alerts，让自己熟悉整个流程即可。为了精确匹配，使用引号框住你的搜索词条。否则，一大堆垃圾邮件将塞满邮箱。先亲身试验一下，建立几个预警，看看流程如何运作。其他搜索引擎的大致流程也如此这般。当你在 Twitter 时，也可建立一个 Twitter 预警。Twitter 没有设立比如 Twilert.com 这样的网站，或者另辟一个独立网站提供此项免费服务。无论何时你的名字出现在"闲言碎语"，你立即可以读到具体内容。

注意，人们通常会设定邮件预警接受的频率，小心点……你想知道问题所在，却不愿多次被骚扰。收到邮件预警，打开它，浏览这些搜索结果，点击链接，调查网页内容，要是你不想网站知道你的访问，可以用一个匿名服务，能改变你独一无二的互联网地址，即 IP 地址。即使运用匿名服务，别以为自己此时无敌了，因为网络不匿名，无论你听说多少次，传言网络可匿名，千万别信。那位黑掉萨拉·帕林邮箱账户的年轻人，用的就是匿名服务，联邦调查局很快获得此人的真实身份。

一旦建立你想监测的名字预警，必须密切注意自己网站内容，确保没有人窃取。网站的内容可用地方很多，常被人偷取，作为攻击的一部分。如果你的网站被复制(复制你网页上的公开源代码，只需几秒钟)，你的企业或者网络财产有可能遭到毁灭性攻击。谷歌搜索结果里，复制的网址取代原版网站，于是，攻击者处于你花费多年建立的优势位置，重新分配流量。我们看过一些例子，比如，某人偷取我们客户的网站内容，公开指控客户是偷他内容的贼，真正小偷呼吁大家行动起来，这样的手段能够使各种各样的攻击涌向你。

你需要从网站上摘取独一无二的短语，粘贴到搜索引擎预警服务。一旦你发现某人窃取你的内容，谷歌对付此类状况有自己的报告系统。去谷歌网站，递交申请。另外，想覆盖大量网页上更广泛的网站，可以找到便宜的商业在线解决方案，比如，Copyscape(www.copyscape.com)和 Copysentry，它的功能与搜索引擎的预警系统类似，不过用铃声和哨声提醒。

在此，还想提示关于搜索引擎预警的最后一个好处：早期黑客入侵预警。网络入侵是最不常见的攻击手法，却是最有效的手段，它是"沉默杀手"……你不知道发生了什么，你的网站遭到不良谷歌结果搜索，你的信誉在一般的搜索结果中跌到谷底。最近，苏的站点经历一场黑客袭击，移植了一种高端病毒。正如诉讼律师赶走坏人，多齐尔网络法律公司常常被黑客入侵。举个例子，黑客闯入我们的网站，张贴儿童色情片，然后开始叫嚣我们公司散播儿童 A 片。同一天的另一场黑客入侵，布兰妮的音乐录影带上传到我们网站某一部门的行政区域，激活世界各地的几百个电脑服务器同时播放，网站瞬间瘫痪。每年 8 月，全球黑客"秘密"云集拉斯维加斯，参加每年一度的盛会(DEFCON)，于是，多齐尔网络法律公司将遭遇激增的黑客入侵事件。

自第一次黑客事件，我们吸取教训，加强升级更新安全措施。除非你是运营需要高安全系数的电子商务平台，其余的没必要到达不让黑客靠近你的网络的

级别。既然你现在对黑客有了一定了解,可以想象黑客入侵网站多么危险。你可以运用这些搜索引擎预警应对此类事件。现在有很多针对安全监控的商业产品和服务,但没有简单免费的解决方法。

黑客攻击采取多种方式攻击你,此类危险的确存在,只有一种类型能被预警系统识别,就是利用你的站点发送垃圾邮件,可以把这当成处于商业目的的劫持。此类入侵达到两个目的,首先,抢劫你站点的信誉和权威,其次,在被发现之前,迅速赚取一笔钱。现在,了解了这些危险,你可以利用预警打击黑客不断制造的麻烦,他们使用你的站点,为垃圾邮件启动登录页面,搞得你像是攻击者。要是你没有抓住他,最后你将被列入垃圾邮件黑名单,挂在主要的垃圾邮件报告网站上,使得你的网站被谷歌取消出现在其搜索结果的资格。进入你的垃圾邮件账户,搜出最显眼的垃圾邮件游说字眼,用你的域名、垃圾产品或服务名称建立预警系统,假设,你的网址是 abcdef.com,你接收到许多教唆在线赌场的垃圾邮件,可以输入“adcdef.com 在线赌场”作为搜索预警关键词。(输入关键字时不要打引号,否则你只能得到依顺序精确匹配的词条,也就是说,你可能永远收不到警报。)一旦发现自己站点遭到入侵,马上通知主机服务器,并报告谷歌。让你的主机服务器清除所有黑客留下的链接和商品。保证黑客入侵的漏洞已被修复。谷歌预测,这种形势会成为 2009 年的大事件。

另外,Technorati.com 针对网络日志建立更为广泛的可搜索数据库,可以看见博客空间任何关于你的言论,很方便的资源,Technorati 上的内容清单,比任何搜索引擎都完整。让这一资源成为你早期预警系统的一部分。

另一个值得关注的工具,Backtype.com,可以免费注册,博客的言论提到你的名字,你就会收到警告。如果,你把名字输入作为警报,只要有关于你的评论,你马上知道,可以看见同一个人对你所有的评论。如果,你想留意某人,只需以他的名字作为警报,于是,有了一双虚拟的眼睛监视他,报告他在博客圈的一举一动。显然,这一工具为你的军火库增添了重要武器,理论上,你可以跟踪你的攻击者到世界各个角落,收集各种预示将来动作的有利信息。

最后,别忘了还有大量免费在线资源供你监视网络世界,可以获取网页内容每一个变化的警报。如果,你在某网站受到攻击,或疑心坏的事情将要发生,你可以跟事情发展保持同步,却不用访问该网站。别一直访问该网站,因为网站所有者通常关注自己的日志文件，会知道你什么时候访问过，你看过什么内容。千万别做的事情，就是不要给这个违法者幸灾乐祸的理由，并升级他对你的攻击。

保持警惕。明白你的网络流量从何而来。如果，你有博客，查查哪些网站发送流量给你，这是鉴别转介来源的最佳途径。如果，攻击者链接到你的博客，流量一开始，你会很快发现。

要是我没让你知道，当网站没有被搜索引擎编入索引，预警系统完全发挥不了作用，那是我的失职。我见到过，某些攻击网站属于地下非法，网站内容从未在搜索引擎和警报中显示，一切只需"robots.text"文件，它能阻止机器人或蜘蛛微小的计算机程序进入网站记录内容。这是特例，因为攻击的目的大部分在于，通过谷歌搜索索引该站点，诋毁别人的网络声誉。若你不幸遇到少数状况，别管早期预警系统了，你已经被人盯上，性质很恶劣，赶紧打电话给律师。

如果，你已准备好带着你的全部家当，投入进去，还有其他的名誉管理监测的网络解决方案，值得你关注。你得考虑需要多大多强的早期预警系统。别用一把大锤打苍蝇，也别用 BB 枪（气枪）猎捕大象。

回顾过去，苏本来可以建立许多早期预警系统，本来可以预见即将到来的攻击浪潮，本来只要一两个恰当的电话即扼杀一切于摇篮之中。或许，她本来可以求助她重要的商业伙伴、可靠资源，把即将来临的攻击降低到最小影响。具有侵略性的 SEO 以及声誉管理策略，原本能够启用的。太多可行的方法能够阻止日益升级的诽谤攻击，至少，控制影响范围。然而，苏被自我怀疑和恐惧惊呆了，独自站在岸边，兀自沉思，不久，一场网络海啸将摧毁她。

梦想乐园

产品与服务评价网站

最近，我和儿子去迪斯尼乐园，抵抗不住魔法王国的诱惑，发现自己身处未来世界，我们看见未来的模样，大部分模糊相似，然后，我们坐船来到小小世界，再一次，我有似曾相识的感觉。

晚上回家的时候，我发现这两个景点都是在 1964 年第一次出现在纽约世博

会。回忆涌上心头,1964 年的夏天,我的家人打包好行李,启程到纽约市"看未来",我突然想到,只有在迪斯尼乐园,未来的景象才像回到了过去。不幸的是,不像我们最近功成名就的运动英雄,他们一走出运动场地,似乎"要去迪斯尼乐园",我的文字不再把你引入迪斯尼了,我们知道,昨天不可能成为明天,活在过去只会带来无止尽的头痛。

几年前,查询某家企业的信誉,需要拖出一张 Dun&Bradstreet 信誉报告,咨询其商业改进局(BBB)的记录,跟授权机构和贸易参考核对。查询个人信誉,需到三大主要信用机构之一拉出报告,附带前任雇主和个人背景情况证明,才算尽职的调查。查询产品,则需要求助消费者报告。

所有这些参考数据,经过许多恰当的相互制约步骤。一个对 BBB 的抱怨,解决争端,一夜之间变为积极事件。信用报告上的污点可以受到质疑,除非在三十天内得到核实,否则将在《信用报告公平法案》允许下被移除。消费者报告依赖科学分析、编辑卓越的判断力和自主决定权。今天的雇主们拥有各种各样的隐私政策限制,很少会给员工负面评价。授权机构,通常由政府主办,根本对信息更新不在行,通常需要本人亲自拜访其所在的市中心拥挤区域。那些贸易凭证、个人凭证全是由你想调查那方提供的材料?得了吧,每个人都会挑选出会为自己增光添彩的证明书。

所有名声聚合物建立在抱怨基础上,非匿名。如果,一家企业对信用机构报告一次犯罪行为,或者一家授权机构遭受调查,或者 BBB 公开一条抱怨,这些不是他们的调查队伍四处搜寻令人们不满意的事件或者剥夺公民权利的事件。这些信息来自一个大活人的抱怨。你经过一串烦人的身份证明程序,进行投诉,心里清楚它很可能永远无法重见天日,得到一个解决方案,此时,你真的会火大。

如今,苏意识到,事情变了。投诉已经公开化,网站提供简单免费的方式,人们提交严重的投诉,数日之内,清晰可见,或许最终得到一次对话机会进行解决,这得感谢我们的网络世界。要是事情这么简单,这么结束就好了。但愿人们可以忍受这些声誉聚合物的误用。事实相反。于是,欺诈报告网站,虽被视为公共服务网站,却成为你的竞争对手、前任女友悄悄把你当做某日的攻击对象。直到现在,苏仍在处理攻击引起的强大反应,当初开始于一家特定行业消费者评级网站,一度是消费者的保护伞,如今变成报复性的破坏者。

大概存在三种欺诈报告系统,第一,苏对付的那一种网站,揭露某一行业丑闻,这类网站无论从外观还是功能,很不专业,却是专门的投诉网站,提供相当有用的信息,上面充斥着负面评论,渐渐演变成彻底的诽谤攻击,甚至更夸张的行为。

第二,评价网站,受法律认可,欢迎所有正面负面的评论。有 Epinion.com,Buzzillions.com,Mpire.com,这类"产品评价"网站由不相关的第三方建立管理,提供客观准确的评价,无论优劣。不道德的评价网站由正在接受检查产品的公司,或者附属营销商控制,这类网站普遍被网络保健食品(无人监管的营养"药物"如今盛行一世)产业利用,鼓吹自己产品,贬低竞争者,越来越流行,俨然成为一种非法攻击对手的神不知鬼不觉的方法。

第三,公共"免费"消费者保护网站,比如针对如何正确使用类固醇的商业改进局。这类网站的动机不同。利基(Niche)网站渴望承认、权利、关注,至少我个人这么认为。另一个极端,真实的欺诈报告网站,比如,Ripoffreport.com,Complaints.com,Scam.com,全商业运营模式,即赚钱为目的,其中一些网站赚取了大笔钱财。越多投诉, 他们赚得越多。Scam.com 和 Complaints.com 通过谷歌广告联盟(Google Adsense)程序获利,每有人点击一条广告,他们便得到报酬。如果你的公司受到入侵, 同时有人搜索你的公司,"欺诈" 标签就会出现在第一页搜索结果里,当然有人点击这条结果,进入猛攻你企业的网页。这并不是最糟糕的,攻击性评论的周围全是广告,为你竞争对手做的广告。

在线搜索的新程序推动这些网站的赢利,同时,收集声誉信息。你经营一家小公司,希望开银行账户,你的公司被调查资信状况,查出你曾有一些不法行为,有未付清的发票和大笔贷款,银行会提出某些限制,保证你能够在财政上担负责任。如果你申请抵押借款,你能获得,不过更昂贵的利息。至少,次贷危机之前,这般运作。想象一下,银行和抵押融资公司在线查证你,看见虚假声明,宣称你是诈骗犯,使用一堆假名,殴打你的妻子,经营"诈骗"公司,掩护某帮派。这一切全是杜撰,你却得不到贷款,也申请不了银行账户。

事情只会越来越糟,欺诈报告及非诚信评价网站是台机器,遍及全网征集投诉,定位统计诽谤攻击,创建一张报告卡片,写满所有不良分数。问题是,通过网站发起的攻击,网站的排名高歌猛进,更可能到达谷歌搜索结果的顶端,因为谷

歌认为这些网站有更高的权威性。信用局模式一遍又一遍地重复,聚集某一源头的声誉信息。然而,欺诈报告网站和欺诈评价网站上的信息,通常是一堆错误、虚假、恶毒的指控,由世界各地的人匿名发表,而非来自相对可靠准确的数据,来自严格联邦法律约束下可认证公司。祖师爷级别的 ripoffreport.com 怎么创收呢?它帮助企业管理其网站上的虚假诋毁,每月收取一大笔可观费用。

这是如今最本质的问题。我们手边拥有《公平信用调查报告法案》、商业政策、实践措施,保证传统的信誉资源,比如三大信用局及信誉评分提供商,只使用或包含可靠精确信息。与此同时,关于你和你的公司最有影响却最不可信的信息来源,没有法律束缚,也没有社会道德规范规约。事实上,对立面真实,自从《通讯规范法》(CDA)第 230 条激励许多网站采取安全途径,达到对责任的豁免权利,遵循"无编辑"措施,我们的法律阻止了更正。内容一经张贴,网站不能触碰,除非涉及儿童色情片或其他一些明显的犯罪行为。如我之前所述,单《通讯规范法》一部法律需要对如今网络公开诽谤负责,它剥夺了网站所有者自我管理和自我监督的权利。尝试将这一建议与立法授权调解,而信用局依靠该法令运作。你办不到。

我认为,这些欺诈评价网站存在法律问题,尤其在商标侵权领域。公平地说,公共利益团体、言论自由扩张主义人士、想法相似的人们、直言不讳的法律教授们,后者处于伯克利和哈佛象牙塔内,统称为自欺欺人之地,相信,欺诈报告网站只不过实践言论自由和公平使用权利。法庭抽不出时间,以细致有所依据的方式处理这一切,将来他们会的。我预言,终有一天,那些维护 CDA 第 230 条的团体会后悔,在机会来临的时候,没有需求平衡公正的解决方式,我想起,20 多年前,一位法官判我的客户胜诉,看着我的对手宣布:"你以剑为生,终将死于剑下。"

如果你看见自己的名字出现在谷歌结果里,附带那些欺诈报告网站作为来源,或者,你收到一个警告,意识到这些网站采取攻击行为,此时,你要非常小心。记住,他们被"公开"过,他们的诈骗很出名,隐蔽得愈加好。越来越多的竞争对手创建"评价网站",诋毁竞争的产品。我们还见过独立网站,他们的广告商从未得到过负面评价,非广告商总陷入麻烦。大体上讲,诋毁你的产品、服务、家庭、公司、组织的攻击有许多许多来源,全是孕育非法攻击的避难所,很难识别。你需要留心,他们有可能成为非常强大的网站。无论你的问题是什么,都可能一夜之间变质,公开来自欺诈报告系统或者评价网站的攻击,要求大量手段以及老练判断力应对这一高危环境。

Yes,我们生活在新时代。相信我,这个世界很小,我们大家坐在飞速旋转的时光隧道。学会适应新世界,拥抱网络世界的玄妙之处。

同时,看清楚"公共利益"团体,他们保护恶棍去偷去抢。他们生活在太虚幻境,工作在海外瀛洲,旅行在奇妙世界。他们提供米奇的沉思、达菲鸭的责骂、四眼田鸡诉讼中的抱怨,再加上杰克·斯帕罗船长的天赋和海盗式的镇静。我怀疑,他们正在去迪斯尼世界的路上……可是……这是有着无数梦想的乐园。

一切新闻皆宜刊登

通讯猥琐法案

这怎么发生的呢?为什么这些问题只出现在网络世界?我们拥有报纸杂志很多年,没有意义。苏看见一家又一家的网站乐意支持针对她的彻头彻尾谎言,一些问题不由得回荡在脑海里。讽刺的是,议会连忙保护互联网服务提供商,把一切揽到自己身上。

不同的地方有各自的法律。在美国,地方律师能通过一部法律,或你的州立法机关能颁布法令。正如联邦执行部门所言,议会提出法律,然后总统处理。许多法律传承于我们英国的老祖宗,是"普遍法"的一部分,建立于常识之上。我觉得,议会的法律可能在历史上视为"罕见谬语",关于这一点,我不能肯定。出于我们的目的,很有可能。以下是原因。

几百年前,代笔人能把一个简单的句子变成一段荒唐冗长的独白(他们按字计酬),每个人明白谎言能让你陷入麻烦。英国人决定,发布这样谎言的人很可能具有破坏性。角落里分发宣传小册的家伙,不能说自己只是偶然捡到的,不知道作者是谁,因而逃脱责任。后来出现的报纸和杂志,实质上,拥有探清事实的法律责任,具有非凡意义。后来,这成为我们美利坚合众国的法律。"出版人责任",建立起出版人负责书、杂志、报纸的出版内容,保持记者、编辑、出版人正直诚实的一套教义。这部法律铸就公众的观念,"出现在报纸上,一定是真实的。"

1996 年到了,互联网商业化诞生了。早期时候,大多数人认为网络是个很有效的分配系统,购物更方便,搜索更快捷,还能发送电子邮件。也就是在同一年,信用卡安全举行了成人礼,电子商务平台开始安全使用信用卡。我把 1996 年称为进化时刻,这一年,对于重要的金融客户,比如美国运通(American Express)、花旗集团(Citicorp)、西尔斯(Sears),我在 1994 年创立的以风险投资为依托的电子商务公司,能够提供更强大的交易处理解决方案。网络安全转移金融数据,当时仍是金钱从顾客传送到商家和银行的新方式。今天,网络的主要价值在于能够建立街区和社区,社会化沟通有无。世纪之交,博客诞生了,不久,社交网站和视频网站如雨后春笋冒出来了,"用户生产内容" 时代爆发了, 人们想说什么就说什么。十年不到的时间,网络世界从去中介化(取消交易中间人这一环节)驱动的商务为主平台和更快捷更方便的信息分配系统, 演变成为时时改变生活的社会化产物。

1995 年,法庭裁决,Prodigy,一种附加增值的私人互联网服务提供商,需要对在线服务里的言论承担"出版人责任",这时,议会插手了,通过《通讯规范法》的第 230 条,因为议会认为,技术公司无权编辑内容,把责任的教条运用其上,根本不公平。你不能因为私人电话过程中发生的事情,状告电话公司,据说,这一点对通过第 230 条法案起了作用,目的要保证无须过多干涉互联网,让这个新鲜事物能够蓬勃发展。当时,域名贵得要死,网站相对昂贵,谷歌还没出现,社交网站和博客只是某人眼中的一点火花。议会来了,勘察那片领土,法律造就无数风景。

议会不知道,也不明白接下来发生的事:免费网站,廉价域名,现成的平台供张三李四王二麻子炮轰任何人。如今,几分钟,你的免费博客创建成功。谷歌出现了,几乎垄断网络搜索市场。不必说,网上景观面目全非,法律一成不变。

十几年之后,一部法律赫然在立,如我们讨论过的一般,阻止网站创办人自我监督,剪掉可怕的谎言。换句话,这部用以保护服务提供商的法律,实际上,刺激诽谤诋毁,压制网站自我管理自我监控,违规者借此展开攻击。

举个例子,某人在论坛里污蔑你是小偷,还实施家暴,被你发现,于是,你写封电邮给网站站长,告诉他有人在他的地盘张贴虚假无耻的谎言。如果,网站把帖子撤下,法庭裁定可以修改内容,站长可能被人控告。至少,编辑内容引起的昂贵诉讼费,这是小网站创办人最不愿见到的事,超出他们的偿付能力。你觉得会发生什么呢？毁坏声誉的宣言很少会被站长从网站上删除，即使明摆着该这么做。如我们先前所见，意想不到的后果会抬起它肮脏的头颅。

第 230 条的法律主体在演变。就"编辑"的诠释，法官们不同意，认为应该授予豁免权。律师们展开辩论，也不同意。你如何指望，一个运营小商业网站的人，冒着一无所有的风险，试图穿越雷区。

有方法解决这个问题，真正赋予网站、搜索引擎、互联网服务提供商、论坛、博客自我监督管理，勿需害怕对他们无法控制的事负责。第 230 条应该修改，这样才能保护合法商家利益，授权网站自我监控。苏一定想知道，为什么自己的言论自由直接遭遇打击报复，为何避免声誉攻击的自由受到腐蚀，维持名声和荣誉作为衡量工作质量的自由正在瓦解。人的名誉神圣不可侵犯的观念怎么了？难道我们要回到以前的日子，挽救名声的唯一途径就是决斗？这场决斗出现两项可笑的武器：攻击者的火焰喷射器和受害者的铅笔刀？

随着对苏的攻击日益升级，个人财产隐私与公共知情权之间严重失衡。大众和暴徒们开始控制苏的名誉和荣誉。过分保护自由言论，最讲得通的理由——真理终究会在意见自由市场取得胜利，所以言论自由必须凌驾于个人权利之上受到保护——如同噩梦一般，非预见之梦想。光天化日之下，苏的隐私权遭受侵犯，这一想法只能成为我们臆想之产物。一切新闻皆宜刊登吗？

几乎不。

挖护城河还是自掘坟墓

为了让这一部分的故事更有说服力(似乎每一段经历都很有意义),我需要进一步阐述我在第一章里提出的某件事:我的女儿在一项危险青少年项目中受到怎样的凌辱,使得我把女儿从那儿带回家,然后创建了 PURE,作为家长处理此类敏感话题的资源网站。

我把自己的故事放在 PURE 的网站,这是个警醒真实的故事。我女儿参加的那个项目,其监管层是犹他州某个势力强大的集团企业,对我公开经历很不满。讽刺的是,我成为名誉诽谤的被告,因为这家集团起诉我。结果,他们败诉,我胜利,他们认罪,我又赢了。

我把这个故事详细写在《束手有策:拯救失控青少年的智囊袋》,不想在此花费过多文字,除了一些与本书故事重合的情节。

首先,大家还记得,克拉克第一次联系我,希望能把她儿子从哥斯达黎加项目解救出来,然后我给了她史蒂夫的联系方式,觉得有可能帮得上忙。她儿子所在项目和我女儿所在项目同属一家公司。这可能是我对克拉克抱有恻隐之心的原因。

尽管克拉克反复强调,她的家庭因为该项目受到极大的伤害,她在法庭上宣誓说实话作证,她向该集团律师索要 30 000 美金,让他们接触她的电脑,其中可能会有伤害到我的信件,她接着往下作证词,她拿走 12 500 美金,允许律师带走她的电脑,于是律师从犹他州飞到路易斯安那州。

顺便提一句,没有任何对我不利的东西浮出水面,但是,以钱换信息的交易直到 2003 年下半年才被披露,我没有马上知晓真实的安排和数量细节。克拉克一点不想隐瞒此次交易,就在 2003 年 12 月,将其发布到史密斯的网站:

"我曾说过会交出自己的电子邮件。所以,你讶异我的行为,我很不能理解,我本来可以拒绝,并且起诉他们,或者,我可以尝试跟他们协商,向他们讨钱。毕竟,我花了大本钱才把儿子从那个破项目中解救出来。最后,我做了后一个选择。要是你对此有问题……那与我无关。"

第三点也是最后一点,慢慢来到逐渐展开的朦胧区域,我不得不在案件中作证词、一份长达600多页的证词,被询问共事过的家长情况、他们的名字、他们小孩前往的机构、描述不同项目中孩子们受到欺虐的指控、披露家庭的其他保密信息,我从不愿对外公布的信息,但当时不得不说。尽管联邦地方法院法官签署了保护令"……任何苏·雪夫证词中出现的人、机构名称,本法庭之外,绝不允许出现,一旦泄露,将受到保护令惩罚。"

除此之外,我还被问询,一些很私人的问题,必须回答,大多数问题围绕我的孩子,包括我女儿的情感挣扎、我儿子的学习障碍。还调查我的家庭成员,我的父亲、我的母亲,甚至我的侄子,要说出他们的地址、职业、经济状况。同时我的婚姻、离婚、个人财产以及工作经历通通被详细质问,而且必须回答。另外一些基本信息,我的家庭住址、私人电话号码、社保号都写入证词。

最后的结果更加详细生动,比克里夫笔记还要细致,基本上,我生活中的每一个细节都暴露在醒目的白纸黑字之间,让我觉得非常脆弱敏感,像标本放在显微镜下检查,然后在某节生物课上被解剖。

现在来猜猜看,克拉克把电脑交给上述那家集团的律师,方便他们检查我和克拉克早些时候的信件来往,她的邮箱里出现了些什么?明明法官签署了保护令,从法律上保护无辜家庭信息免受公开,他们的身份只能够出现在法庭之上。很有意思的事情来了,我确认过,只有两家律师公司接触过该案件,很难猜到竟然是我自己的律师骗取出一份复印件,送给克拉克。

尽管,后来,克拉克出庭作证,根本不知道谁把我的证词寄给她的,反正就这么出现在她的邮箱里,却没有回复地址。

太神奇了!什么样的魔术啊!兰斯·伯顿,大卫·科波菲尔:闪开。

接下来,各位读者,你们敢再冒险猜测一下接下去会发生什么事情?

公开论坛惊现我的证词,做过精心选段的证词,提醒你,这还不算是最刺激的部分——至少,目前看来不是——确实包含了一些私人信息。要是说我感到惊骇

万分,那真是轻描淡写我当时的情绪了。尤其克拉克和史密斯勾结起来,一系列频繁活动,很明显,他们想要在网络上张贴出我全部证词。有个技术的小问题,他们俩正在努力解决:史密斯是网站的管理员,必须让出足够的空间给网络服务器,由于这份证词是复印文本,不能作为可下载的电子资源,需要手动翻动每一页。

我不愿用某些帖子烦你,虽然能揭示出他们的目的。以下,我与你分享克拉克的一些书面沉思录:

> "我个人认为,所有信息,包括我手头上的法庭记录,都应该让大众媒体知道。你觉得怎么样呢(史密斯)?如果媒体知道这一连串事件背后的故事,他们更能理解现在发生的一切。"

媒体?她想把我的证词交给媒体?这些私人信息高度敏感,关于我合作过的家长和他们的孩子——每个人的名字都受到法律保护——现在,她想要披露这些无辜的人们,把他们痛苦的经历告诉每一个人?我的证言中,甚至包括我和某个名人合作的细节,他有个儿子包含在某个项目。这或许会成为八卦小报的头条?

克拉克迫不及待公布这些家庭的信息明显是想报复我,这……太震惊了,太恐怖了。那我的家庭呢?甚至,我女儿保密的医疗信息,作为证词中讨论的主题之一,想到全世界的人都会知道如此私人的细节,我热血沸腾,怒不可遏。

报复我,那是一回事,打击我的孩子,以此报复我,不行。公开我的社会保险号码,我可能面对许多盗号的小偷,这根本不能跟我的儿女相提并论,也不能跟所有人的孩子相提并论,他们正受到形形色色人们的详细审阅,好奇的围观者、家长、专家、张三李四,毫无疑问还有一些变态。

牵一发而动全局。温和点说,套用电影《电视台风云》中的一句经典台词:我疯狂如地狱里的恶魔,我再也忍不下去了!

我不知道克拉克所说的骗局指的是什么,但她的所作所为牵涉到孩子,这太过分了,这是她的禁地。

最后,最后,采取行动——在圣诞节前几天——我忙碌且动作迅速。我通知犹他州的律师,他马上准备了一份勒令停止通知函,并请求预备性禁令,封锁庭记录。法官明白我身边发生的事情,法令中发布以下裁定:

　　"法庭清楚告之辩护律师,法庭第一要责在于保护参与各类项目的儿童,禁止其名字公之于众。公共庭审程序中孩子的名字不予公开。

　　公共起诉中,雪夫女士的任何信息保密。

　　调查过程中获悉的私人保护财产信息或商业秘密,任意一方不予在法庭以外公布。

　　为了最小化目前非法泄露信息的危害,本诉讼案所有证词只归双方律师所有。此法令生效之前取走的证词,只可能由律师及其客户使用。任何张贴在网站或公众可取的证词必须移除。"

谢谢您,卡塞尔法官。

尽管在法官大人发布法令之前,我律师的信函和请求已使得克拉克和史密斯收到警告,网络上此起彼伏的怨声载道让我知道,自己有可能赢得这场战役。但是,我的对手并不打算就此放手,放过我和PURE。

由于PURE建立在佛罗里达州,身处犹他州,我出色的辩护律师建议我回到佛罗里达州出庭。当时,还有一些支持者和专家同事对我很忠诚,我可以咨询意见。其中一位告诉我某个律师,虽然不专攻互联网法律,但好到出神入化。

我拿到了他的电话号码,这一天刚好是2003年圣诞夜的前一日,拨动电话按键时,我的手在颤抖,心底满是愤怒绝望。一个愉悦的声音传过来:"大卫·波拉克法律事务所,请问您有什么需要?"

"嗯,我是苏·雪夫。我要马上跟波拉克先生通电话。"

信息渴望自由

诉讼过程中保护证据

这是时代象征。我们的法律体制有条款防止毁灭或者破坏证据,也有条款规定,具体情况下,通过法庭裁定对大众结案("封锁"案件),阻止

信息公开,我们必须有效执行这些规定,某些特定情况下,保护证据不被公众传播。法庭对限制信息自由流动和限制接触公开庭审,保持缄默的态度植根于我们的宪法。今时今日,公开特定证据的危害远远大于引起官司的不当行为造成的伤害。这是一场斗争,普遍的斗争,"信息渴望自由"派与其他任何尊重自己隐私权利的人们之间的斗争。对,永恒的主题。

你必须清楚,采取法律手段,诉讼过程中什么会被公开。另外,多亏互联网问世,难堪或危险信息,比以前更容易进入公众视野。如今,你的对手深知他们能给你造成怎样的伤害,于是,张贴不良信息到网络更是稀松平常的事。总体规则,任何私人信息几乎都在问询阶段被调查,双方律师通过使用笔录、获取文件、证词中质问,发现与本案相关的证据。那么,我们如何在私人信息失控时采取保护措施?法庭不愿完全"封锁"结案。我目前只接手过6个完全结案的案子。假设你的官司没有封锁,即使正在结案过程中,随着官司推进,就别指望被封锁了。

法庭可以发布"保护令",强制公众不许接近相关信息,这需要律师未雨绸缪,提前申请一份详细全面的保护令,才能奏效。如果,苏早点申请保护令,局面会好看很多,不至于发现自己面临多方威胁,那些关于她和她的家庭、她的客户、其他一些人的私人信息挂在网上供世人浏览。注意到了吗?法官命令删除挂在网上的一切相关信息。只是,这真能做到吗?不可能,收回发布在网上的信息,犹如收回泼出去的水。所以,陷人官司之时,务必积极提前申请保护令。尤其针对敏感话题的诉讼,请求能让法官封锁所有或者部分信息,避免泄露。然而,在双方交换任何信息之前,或者法庭开庭后最初泄露信息阶段,或者问询阶段起始之初,你的律师必须估计哪些人名、证据、信息应该受到保护,申请"保护令",保证信息只在相关人员及涉案人员间流通。

证词中哪种信息会泄露?一切信息。你的医疗状况、社会保险号、银行结存数额等等。对身份窃贼、希望毁你名誉者、希望你被起诉的人来说,证词是实实在在的宝藏。想想吧,过去,秘密只会对朋友讲,有时会传到本地报纸。如今,你的银行账户和社会保险号将落户到外国网站,成为盗贼们的避难所和票据交易所。你在证词中提供的密码,出现在黑客社区网站。你的照片、年龄、婚姻状况、家庭住址,让性变态者在论坛上大快朵颐。一切转瞬之间完全搞定。所以,法律必须改变,法官必须意识到涉及的风险,法庭上的辩护律师必须更加小心谨慎。

还有一个原因支持隐私法律重新焕发活力。在此,我简而言之,很有意思的是,法庭坚持保持"法庭的通道畅通",抗拒保护私人信息,根本没有意识到,许多人害怕泄露自身信息而不愿上法庭解决问题。

信息渴望自由?议会不这么认为。1996 年通过的《健康保险流通与责任法案》(HIPAA),保护医疗记录,《公平信用调查报告法案》保护商业信息,以及正在筹备的所有保护信息数据的法律。我们只需要稍微付出关心,保护案件中作为证词的某些最具有破坏性的信息。

如果你去旧金山

隐私法

让我们一同回忆隐私法历程。1888 年,伊士曼申请了柯达胶卷照相机专利。1890 年,《哈佛法律评论》上一篇文章,呼吁建立个人隐私权利的法律保护措施。巧合吗?我不这么认为。法律演变同历史事件与历史潮流息息相关。至少,过去如此。1890 年,似乎随着科技进步,传统观念对单独相处的理解存在风险。接下去的 60 年间,新兴媒体入侵我们的生活,隐私权越来越正当:先是无声电影,然后有声电影,再后来收音机电视。直到 20 世纪 60 年代,一件有趣的事儿发生了。一股反主流文化革命悄然兴起,自由恋爱、自由嗑药、自由言论成为新生代的行为基石。个人隐私权利让位给解放一切的大众思潮,包括自由言论的爆发。

到了 20 世纪 90 年代,保护私人空间不受干扰的独处法规,很不受欢迎。保护私人事实不被公开的法律受到攻击。防止某些真相泄露、导致相关个人陷入不良境地的保护措施正在退化。唯有商业拨款申请似乎能幸免于难。这些变化来自某位著名的律师之笔,撰写隐私保护完全不必要。

我们进入互联网商业化已经 15 个年头。几乎没有看到任何进一步措施保护个人隐私。有人把照相机的私人入侵与网络访问每一个人的私人入侵相提并论,这想法令人惊讶。很难讲清楚,为什么法律教授要求更大隐私保护的时候,不能再强势一点呢。一种说法,教授太害怕遭人网上攻击而不敢直呼其言。我不得不承认,自由言论的拥护者攻击与他们意见不合的人,已经有一点悠久邪恶的历史

了。被挂在网上进行蔑视、奚落、讽刺、挖苦,遭遇恶毒的人身攻击,不能帮助这些教授们保住职称,也让他们每节课面对自己的学生时感到尴尬。

网络的建立基于自由开放环境的理念,自从互联网商业化在旧金山起航(海特·阿希伯里作为标志,"夏日爱"和头上戴花),网络的建立、规范、习俗的演变始终围绕着自由言论的承诺——自由言论的观念世代相传。隐私权利在自由言论的媒介中绝不能生还。

但是,变化还是到来。你知道吗,我最喜欢的城市之一即旧金山,她是西海岸的凯威斯特和普罗文斯镇。开放的思想在旧金山随处可见。如果,在这里领导了隐私法的改革,平衡的个人权利、公众参与、自由言论三者并行不悖,我一点不觉得惊讶。只要发生,全国都会效法。

猴子不会飞

"天真的想法、虚假的设想,通通扔掉。稻草人也能去战斗。"

我希望自己能聪明到想通这一点,约翰一句话如醍醐灌顶,让我恍然大悟。最近,我们一起讨论,我到底怎么被逼到角落,不得不还击,于是他说了以上的那一句话。

2003 年 12 月的最后一个礼拜,我永生难忘,一相情愿的念头根本不能改变接下去发生的事情,这些恼人的事件有着深远的影响,改写了我的人生。

12 月 31 日,"陪审团投诉与要求"以反对克拉克结案,同一天,我了解到布罗沃德镇家长教师联合会的公告,我猜,我们都度过了一个快乐的除夕夜。我一提醒他们所处境况,他们马上移走了这一篇公告。

我的辩护律师大卫·波拉克在法庭上步步为营,积极进取,同时,我出让了自己的办公室。由于官司,有些东西必须放弃,我家外面的办公室就是牺牲品之一,并不是说放手有这么难,我当时越来越难控制自己的情绪波动,家像是安全的天堂,不必抛头露脸。

接下来两年半的日子,太多时候,因为难堪,不敢露面。我从来没有跟我的父母、兄弟姐妹或其他任何一个没有直接牵涉这件卑鄙事件的人,诉说过这份心情。

有多卑鄙?如果你在谷歌上搜索"苏·雪夫",置顶的三个搜索结果中,其中一个链接到"苏·雪夫的红内裤",点击试试看,猜猜会把你带到哪里去啊?史密斯的网站。

多亏了以下生动的帖子,带着说不清的感情建议大家翻到下一页。

匿名:"苏姗,我可以忍受(节录)把脸放进你的××10 分钟,尤其当你穿着红内裤的时候!"

匿名 #2 回复: "我想知道她的红内裤,TMD!"

匿名 #3 插嘴: "苏姗,我出 50 美金买你穿过没洗的红内裤,千万别剥夺我享受这份快乐的权利……"

匿名 #4: "苏·雪夫的红内裤一定是丝般光滑的绸缎制,她穿了一整天之后,一定闻上去性感到不行。"

匿名 #5: "苏姗,我可是三思而言:我愿意以左边蛋蛋为赌注,赌你此时此刻穿着红内裤!!!!"

匿名 #6: "啊,我觉得好刺激啊!!Oooooohhhhhh,yeeeeeaaahhhhh!!!!TMD,我要离开 15 分钟……去做……做……"

这就是谷歌搜索我的名字出现的前三个结果的内容。

有没有人,任何人,可以告诉我,我们的社会,什么时候允许往一个女人——或者一个男人——口吐下流污秽的字眼,却掩藏在匿名的面纱之下,执意曲解我们宝贵的第一修正案?

我觉得,这些不堪入目的帖子正好说明一切。四天之后,史密斯亲自作了回复:

"要是有人想知道红内裤帖子的故事,我将为你道来。

苏绝不会被这些帖子逗乐……但是,这里的聊天是不是恰当的行为或合法的谈话,我不能做主。我完全相信她会因此委靡不振,以致要寻求法律途径。我若找出这些匿名回帖的人,询问(他/他们)要不要删除这些帖子。(他/他们)说好的,于是,这些帖子不见了……

为以后考虑,我在此重申自己对内容管制的政策。尽一切可能,我不让自己介入其中,除非参与公共讨论。当然,我对自己所写完全负责。

刚贴出不久的言论,作者要求我改变内容或者删除,我都会照办,取决于作者本人考虑为此做努力值得吗?"

　　真的吗？这是不是意味着,假若史密斯追踪到的匿名发帖人,而他们决定针对我的黄色笑话值得为之捍卫,是不是这些帖子会一直保留到今天？假如他们仁慈到愿意删除这些恶作剧的帖子,我想,我会被期望像什么事情都没有发生过一般,鼠标点下去"咔哒"那一刻,所有侵犯烟消云散。

　　"没有一个地方像家……"咔哒,咔哒,"没有一个地方像家……"

　　咔哒,咔哒。随着鼠标在谷歌上搜索我的名字发出每一声咔哒声,彻底的恐惧紧紧攫住我的灵魂,累加的伤害很深很深,"没有一个地方像家……"家像个避风港,容我取暖,片刻不愿离开。只要一远离互联网的搜索引擎,在家里墙围之中,就觉得很有安全感,而我不得不把她抵押出去,为了战斗,为了我破损不堪的名誉战斗——我的名字占据谷歌搜索结果的前两页, 其中的主题通通直接链接到史密斯的网站。

　　你可能想知道,这一切怎么会发生呢？发帖人创建一个又一个的论坛,打上吸引眼球的诱惑性主题,比如"苏·雪夫是骗子","PURE 是狗屎"。

　　近三年网络地狱式攻击中,PURE 怎么样了呢？我可爱的宝贝 PURE 确实遭受重创,仍坚持蹒跚前行,虽然已成为广场恐惧症的典型案例。每一次,我强迫自己出门,即使在杂货店,也不敢与任何人有任何的眼神交流。我没有食欲,但还是得吃东西,体重持续下降,严重失眠,几乎认不出镜子中的自己。出去和朋友在饭店共进晚餐,享受美好时光？No！我变得非常孤僻,许多朋友不愿再来邀请我,况且,对我而言,在星巴克点杯拿铁都是一个巨大的挑战,更何况去更多人的地方。不想见陌生人,害怕他们会问起我的名字,问起我的工作,然后出于好奇,去谷歌上搜索我的名字。

　　尽管,我和 PURE 已经名誉扫地,但是,真正需要帮助的家庭仍然想方设法找到我们。幸运的是,一个同事在回复电话,因为我把自己完全封闭起来,跟家长谈话有困难,甚至包括自家家庭成员。家庭聚会中,我喜欢跟自己的父母待在一起,这样的情感,如今已是遥远的记忆。同样,演讲、社区讨论会、联络学校辅导员——任何需要与外界口头或者身体接触的场合,都超出自己承受的范围。

　　我一直很外向,从来没想到自己会变得像只蜗牛,只愿蜷居在自己的壳里。我知道自己需要治疗,可怕的状态快把我逼疯了。然而,当我尝试私下跟同事交流,他是教育学心理医生,可能会以我的名义出庭作证,我不敢采取他的建议,寻

求真正急需的帮助。为什么？因为，我恐惧，害怕拜访心理医生或者精神病医生的事情会曝光，弄得网络上众所皆知。我知道，这听上去很不可思议，但是妄想症一发不可收拾，只看见无数飞舞的野猴上蹿下跳，在我周围俯冲着陆，惊声尖叫，撕扯我的头发，让我无处可逃。

难道不是吗？即使控制住妄想症和广场恐惧症，我或许直接变成精神分裂，因为很明显，我收养了一只恶魔，设置了我在网络上的名声。

"没有一个地方像家……"咔哒，咔哒，"没有一个地方像家……"

家，很不幸，不再为另一个我提供保护，另一个我以"游客"身份登录一个再熟悉不过的网站，以大小适中的字体，发了篇帖子：

> "亲爱的(史密斯)：
>
> 我不明白，我请你撤掉你的网站上针对我的消息版块，可你根本不理会。我不得不把自己的恳求挂在 XX 网站。很丢脸！你干脆办个论坛，直接叫做：
>
> PURE& 我，苏·雪夫？
>
> 为什么不呢，史密斯？我求你了，
>
> 我在想，到底你能不能创建一个论坛，全关于我的论坛，对的，只是我，我，我的论坛，对了，还请加上我最好的朋友 XX。
>
> 我很痛苦，史密斯。
>
> ——苏·雪夫。
>
> PS：请把我的 PURE 作为纯洁的商标，因为我身穿红衣，仍清白无辜！"

一个公开的要求瞬时演变成公众论坛：

> 大家一起来投票表决，是否创建一个只属于纯洁如白鸽的苏·雪夫和 PURE 的论坛……

意料之中，这个提议很受欢迎。每一个响应者：

"我同意为苏和 PURE 创建专属论坛。很妙的主意,干吗不呢? 是她自己要求的,应该如她所愿。太妙了,苏!"

那位我没有说出名字的"最好的朋友",也被人肉出来,遭受网络私刑,只因为她跟我的关系。她已经在忍受身份被公开的痛苦了,我不忍看见更多唾沫星子飞向她的名字。

至于我的请愿,申请个人专属公告牌和论坛,大家慷慨大方极了,允许我在一般讨论区为"自己"代言——然而,我浏览帖子,署名从苏·雪夫、改到"官司苏"、再改到"非苏·雪夫"(请注意,"非苏·雪夫"似乎不是我,其实仍是我在发帖),精神分裂症是不是出现了。

让我们一同来看看……论坛上涌现出我名字的许多版本发了很多帖子,我的用户名信息显示出"我"平均每天发布了 11.98 条消息,天啊!以下是一部分,供大家开心一下:

匿名:"苏,苏,苏……你倾向怎样的项目,要符合什么标准,才能被 PURE 认可?"

官司苏:"如果你们这些人继续曲解我商业经营模式,希望你最好做好打官司的准备,这可不是什么便宜好受的事儿。我是个好人,记住这一点很重要!再一次谢谢你对 PURE 的关心。"

匿名:"苏,你不是好人……在我看来,你坏透了。愚蠢的婊子。"

非苏·雪夫:"之前的帖子,我相信已经解释得很清楚了,什么是合理的预防措施。要是你没有理解……饶了我吧!很明显,是你脑子的问题,转得比乌龟爬得还慢!无论如何,我都是好人。"(来自佛罗里达州)

片刻之后,"我"已经采用好几个苏·雪夫的身份,这时,史密斯插话了,写了篇彼拉多不干涉"警告":

"以防出现任何疑问,我改变用户名"苏·雪夫",换成"非苏·雪

夫"，恶搞的人用苏的名字发帖，我个人觉得十分好笑，但是，不知道有没有人会真以为是苏·雪夫在发帖！讽刺啊，讽刺！

现在，对于其他一些关于苏的帖子：我代表使用与一贯政策，无论从法律还是伦理，概不对任何内容负责。如果有人因此心烦意乱，大发雷霆，我不理会。除非有人想要控告你，法律要求我配合调查，我才会插手！"

故伎重演，史密斯作为网站管理员，划清自己的界限，同时，跟"恶搞的人"击掌庆祝，视而不见其他的"恶搞"，每一个访问她网站的人对这些所谓的"恶搞"尽收眼底："我"的帖子附带有效的"我的"邮箱地址。看上去，第二个我已经以苏·雪夫的名义开个电子邮箱账户，并且，以我的名义回复任何"相信这是真正的苏·雪夫"的人的来信。

正如约翰强有力的论断，"天真的想法、虚假的设想，通通扔掉。稻草人也能去战斗。"

这还不能阻止我一相情愿的想法。假如我知道，自己所做的激起了史密斯的愤怒，愤怒像癌症细胞一样蔓延，吸引狂热的追随者，他们根本没见过我，也不知道我是谁。假如我能消失三年，装作什么事都没有发生过。假如我可以洗几次卡尔康澡，然后消失，像一双红色拖鞋一样不见了？

"没有一个地方像家……"咔哒，咔哒，"没有一个地方像家……"

最强的抵抗即进攻？

对簿公堂注意事项

情况不尽相同。苏选择法律做还击的核心武器。橄榄球比赛中，我们可以听见实况评论员一针见血指出，最佳防守即强有力的进攻。但是，扔出长传球是最具有进攻性的反击，又有多少空中拦截和四分卫相撞呢？很多拦截，且高风险，同时高回报。对付网络毁誉相同的道理。

任何官司有与生俱来的严重风险。公开的最初会招致"暴徒式"的攻击，对人们宣扬"信息渴望自由"的理念感到愤怒,可能像非洲蜜蜂一样群起攻之,迫使原告屈服。一个高姿态的"消费者权益"团体跳出来,提供免费法律辩护,同时,有意激励当事人迎接攻击。这些事司空见惯。你和你的家庭,可能被置于妥协的境地,受到世界各地的错乱攻击。你的律师也会成为目标,他的名声,以及他律师事务所的名声都被诋毁。我见过好多律师,一开始被负面评论和非法攻击吓昏了头,离这个案件躲得越远越好。于是,你一人置身冷落放逐之中,境况糟糕透顶。

所以说,苏做出的决定相当勇敢。目前,网络诽谤案件少之又少,原因我已经列出。其中之一,"史翠珊效应"。那些坚信自由言论,和信息无界限传播理念的人们,随时准备好攻击反对他们理念的人们,这很有趣。暴徒帮的网民,以及他们的支持者、追随者,全是自由言论主义者。至今,他们并不同意这样的观点。相信我,无论他们的同胞行为多么穷凶恶极,他们都不愿看见同胞被告上法庭。

然而,诉讼不是公开积极反攻的唯一途径。举例来讲,发明家似乎总成为网络争议的焦点。有时,某个有价值的发明出现,发明家赚了满盆金,更多时候,发明家收获的仅仅是他人的感谢和拥有权。从发明家处窃取发明,宣称这是你个人所有,简直是自找麻烦。

一次,一位发明家找我帮忙,说网上有个生意人使用他的"宝贝",当成自己的东西。太多智慧的结晶凝聚在发明家的作品,看到这样的事,他感到很沮丧。我们采用其他方式的反击,这是我见过最富有成效的反击之一。那个非法的生意人根本不懂声誉管理,将自己的身份暴露在外,他尽情享受生意上的成就,却如同穿着皇帝的新衣,如果你懂我的意思,他浑身赤裸。谷歌搜索结果第一页不在他的控制之下。这是不采取主动管理自身网络声誉所带来影响的典型例子。当某人的大名被检索,谷歌认为具有重要性和高度权威性的搜索结果不存在。想要跳过占据统一或自然搜索位置的结果,不是难事儿,这意味着,通过反破坏能够干预搜索结果。从中吸取教训,如果你没有运用我推荐的技巧,建立自己的网络名誉,属于自讨苦吃,麻烦来临,你毫无防御,除了铺上表示欢迎的小毛毯和敞开欢迎的大门。

发明家先生,花了几个小时录下可靠真实的信息,恰好表明这家公司窃取发明的证据。然后,他利用优化技术,把这些录像片段发布到 YouTube 网站。第二

天,两段录像排上谷歌第一搜索页面。不出所料,那家公司立马主动上门请罪,直到真正的发明家妥善处理好许可权交易才停止。发明家瞬间抢夺下橄榄球,避开突袭的后卫球员,滚到他的右侧,越过身体长传至边锋手中,冲向左边码标,99码触地得分! 相当漂亮。

另一次精彩的绝地反击来自一位外科医生。他属于医生中的医生。你知道,有类医生是其他医生追求的目标,这算最高赞美了。他在全球享有很高声望。个人记录上没有任何污点,考虑到他接受的病人的情感状况,这是相当引人注目的成就。让我们设置一下场景:快退休之际,人们自然开始考虑遗产问题。人们记住我的什么?我的孩子、孙子会为我对社会的贡献感到骄傲吗?如此这般的问题。临近退休的某一天,办公室电话铃响了,这简直是噩梦中的梦魇。电话那头的声音解释道,一家电视网络正在录制外科医生即屠夫的报道,他们想把他包括在内,因为他曾经做过一次"蹩脚"手术。顿时,他预见,一旦报道播出,自己无瑕的职业履历很快将被网络评论和接踵而来的袭击彻底颠覆。

我们立马组建危机控制团队。当然,这位医生不能评论该指控,因为联邦法律禁止在没有书面许可下泄露病人档案。他反应敏捷,一语中的。"我不能发表言论,甚至不能参与你们的节目,因为我没有医疗档案解禁许可。"几天之内,他获得医疗记录全面解禁许可。我们的外科医生马上创建网站,详述确切的治疗方案,生动展示手术过程,指出病人提供照片的不实之处,悉数展现自己的专业技能,名誉声望,以及为什么该场手术能达到良好效果。后来,我听说,那位看似可靠的电台嘉宾身败名裂。医生的问题也解决了。有时候,你可以扮演进攻性的前锋,跑过大个子后卫,直奔防守核心,但要保证你占据攻防线的主导权。

侵略性的反抗具有高风险。我们生活的世界,不是"律师一手搞定"的世界。至少,再不是这样。环境通常太过复杂,很难把要求信、警告信、诉讼,或者其他法律谈话视为立即的解决方案。对律师而言,奋笔疾书一封预格式化的信件已成为过去式。如果你在这样一封信中坚持合法诉求,威胁采取法律手段,收件人能在自己家乡以"宣告即判决"起诉你,试图技高一筹制伏你。结果,在一个遥远的地方,你成为被告,非原告,配上收费昂贵的新律师。或者,这封信被挂在网上公开化,产生问题更无穷无尽。或者,律师事务所找到攻击。纵观大多数律师公司应用的功能不佳的搜索引擎最优化技巧,连最基本的暴徒帮攻击都能导致立即永久的影响。那么,自己在遭受攻击的时候,保证拥有恰当的帮手。你可以了解到,哪些律师和顾问资历深厚,在网络毁誉领域专业知识强悍,我会告诉你如何寻找这样的人才。目前,记住,进攻线薄弱的四分卫注定脑震荡。

狂野西部秀场

谷歌炸弹

网络世界的脑震荡来自谷歌炸弹。"谷歌炸弹"指超链接企图影响谷歌引擎返回的搜索结果的页面排名。超链接像任何其他的链接,你可以点击进入网站。正常超链接真实描述目的网页,所以你可以提前决定是否查看该内容。

用在谷歌炸弹中的超链接,完全不同,通常不能准确描述链接指向的内容。如果,有人想利用谷歌炸弹攻击你,用你的名字作为链接的关键字,设置超链接到自己的网站、博客、社交网,事实上,链接的页面含有诋毁污蔑之言。谷歌的蜘蛛程序出现了,它们基于链接的描述,将含有毁誉内容的网页与你联系起来,有人搜索你的名字,谷歌将其列入搜索结果。与此同时,这条误导的链接由于点击量高,谷歌视为肯定该网页的权威度,这样,谷歌给予该站点高度重要性,并在搜索结果里突出。双重灾难啊,因为,运用谷歌炸弹,加上重要性和突出性,这个诋毁的网站阴魂不散,只要你的名字被检索,它倚仗谷歌炸弹的影响,名列结果前茅。

以下是超链接的计算机代码:<a href=http://dozier-internet-law.blogspot.com/>Dozier Internet Law on Trademark</a>。白体字(为了强调)标明链接指向的网站。黑体字(同样为了强调)描述该站点链接的内容。从这个例子,可以看出网页上的一个链接是"Dozier Internet Law on Trademark",点击之后,进入我们的法律公司针对商标法的博客。这是超链接的运作机制。

现在,谷歌炸弹里出现另一个计算机代码:<a href=http://www.XZZsucks.com/>Your Name Here</a>。注意,链接在页面显现你的名字,实际指向一个攻击你的网站。这是谷歌炸弹的基本原理,这一招数用于每一个网络攻击,当名字被检索,将负面诋毁污蔑的谎言放在谷歌搜索结果的第一页。

所以,链接指向的 URL(统一资源定位地址),藏在网页的 HTML(超文本标记语言)代码之中,浏览者看不见,唯一能看见的只有链接,不能准确描述链接指向的内容,却能误导谷歌。谷歌需链接描述以便返回精准可信的搜索结果,链接描述早被劫持。

这正是发生在苏身上的大部分事情。刚开始,用谷歌搜索苏的名字,第三位结果布满无耻玷污的评论。不久,随着越来越多各式各样网络产物的创建,苏的名字不断重复,再重复,前两页搜索结果全被控制。帖子、评论、内容之间交联链接,错误引导谷歌认为这些网页都属于苏·雪夫。于是,当苏和 PURE 被搜索,这些网页作为统一搜索结果出现。造成的影响,只有苏自己明白。

由于谷歌严重依赖民主化理念,处理进程赋予网民的"虚拟投票"极大重视,一切就都可能发生。谷歌的机器人程序分布整个网络,一旦遇到超链接,记录下来。然后,搜索结果计算完成,谷歌使用超链接描述作为对网页内容的独立验证。毕竟,鉴于第三方描述内容,超链接应该非常可靠,结果也该传达最相关性。链接增加网页的权威性,谷歌得出结论,公众认为"这网站很重要。"在某些声名狼藉的诉讼里,谷歌尝试解决这一问题,其实,谷歌深信不疑,授权大众,网民选票呈现结果排名。修复这个问题指日难待。依据网页的价值、重要性、权威度,链接提供有效独立的见解和可靠的导航,具有非常意义。谷歌很难找出恰当的解决方案。

最臭名昭著的谷歌炸弹是"密集链接恶作剧"访问布什总统的案例。搜索"悲剧的失败",白宫网页会是第一结果,奥巴马总统刚上任也未能幸免。其实,并不是所有谷歌炸弹都这么臭名远扬,大部分谷歌炸弹不能被识别,因为,引爆炸弹的机制系普通实用技巧(超链接而已),每一天,有人善意或恶意,重复不断使用。直到现在,任何有名的网络攻击,都是谷歌炸弹的作品,名气不大,人们不会关注。我们必须多关注此类问题,争取找出解决手段。

以上是谷歌炸弹的运作原理。

现在,我们看看你如何被炸弹炸到。

1. 你的对手创建网页、网站,以及一大堆指向该站点的链接。这些链接来自本身的网页或世界各地的网页(这一点很容易做到),用你公司的名字作为链文本。有人想找你的时候,该网站出现在搜索结果之中。

2. 分公司营销人员销售某一竞争性的产品或推广某一服务，以你名字获取大量超链接，把它们通通指向某一网页，上面可没有什么竞争的内容……但是，一旦该站点获得高排名，等着瞧吧。

3. 一群博主和评论家，无意遇到一篇关于你、你的孩子，或你的公司的虚假诽谤贴文。这帮人赶紧挂上自己尖酸恶毒的评论，一味重复谎言，零星(一般3个取得最佳效果)散上几个超链接指向这篇污蔑的文章。博主们通过相互回帖链接对方，各自壮大起来。所有链接用你的名字环环相扣。一旦有人检索你，麻烦大了，相当多、相当多的上述搜索结果支配全局。

第三点即"网络日志群"或"暴徒帮袭击"。当然，暴民正义只能是逆喻。他们之间相互协作，高度分散，采取新奇非法手段犯事。从苏的身上，我们看见此类攻击的影响，她正遭受网络私刑。虽说暴徒帮还有其他很多工具可用，谷歌炸弹却是先驱之作。谷歌炸弹到暴徒帮手中，像集街头公告员、证人、法官、陪审团、刽子手合为一体。博主们，社交网站会员、社会化书签使用者、论坛发帖人、网站站长以及类似的人们一律拿起火炬，加入审判你进监狱的长征，似乎能听到他们的喃喃细语："他进监狱了，他受到审判了……他肯定有罪。"

在下的意思，西部拓荒期的野蛮、目无法纪正好形容这群网络生物。还好，苏马上明白过来了。

剖析谷歌炸弹和暴徒帮袭击

重提谷歌炸弹

苏腹背受敌，四面楚歌。带头老大周围似乎聚集着一帮追随者，但人数还不足以多到，她可以全身而退，不足以多到有人代理一切事物，继续龌龊勾当。你要警惕这颗谷歌炸弹的发起人、绝对权威人士、网民拥护的对象。我2009年2月写这本书的时候，正好关注由公民诉讼组织和保罗·艾伦·列维领导的一场谷歌炸弹攻击。该组织号称拥有10万成员，庞大的用户群。你可能会想，律师，尤其是参与案件的律师，绝不会考虑采用引爆一场针对当事人的网络

暴民袭击。然而,这恰是列维的做法,他的支持者大多是自由言论扩张主义者和网络民主化狂热分子,他在他们面前犹如真正的领袖和权威人物。

这有原因:列维似乎总能恰到好处给我们想听的建议!我想起来,法律学院,一位杰出却具有争议的联邦地区法官给过我陈述证词的指导。"当事实有利于你,反复狂掷这些证据,当法律有利于你,反复狂述这些法律,当证据和法律都不在你这一边,那么,反复重击桌子。"列维就在狂敲桌子。这是必需。列维和他在公民诉讼组织的律师团扮演保护大量网络违法行为的角色。暴徒帮里,他简直就是教父。一个很好的例子:

2009年2月20日,星期五,下午5点38分,攻击商业公司的好时辰。技术人员享受周末去了。话已出口:众达国际律师事务所(Jones Day),拥有2 000名律师,刚了结一场官司,强迫一家小型互联网公司停止超链接他们的网站。列维戏言案件中的一位辩护律师为"法庭的朋友",宣布支持那家小公司,对法官拒绝考虑他的证词心里很不爽。博客上,他大发厥词抱怨不道德的法官和律师。还不清楚,是不是夹杂他愤怒的群发邮件送到每个公民诉讼组织成员手中,但第二天,事情一发不可收,群魔乱舞。首先,我们回顾发生的事情,然后分析列维引爆谷歌炸弹和发起暴徒攻击的行为。

列维发帖后的第二天,

slashdot.com:

"我想知道,jonesdaysucks.com 的人们是否有同感。"

"我预感,他们将很快知道到底什么才是史翠珊效应。"

"至少,没有链接到同性恋黄片、

儿童色情片、兽虐片、黄金雨……"

(所有超链接指向 Jones Day 的网址。)

"我们走错了方向……

众达,众达,众达(相信我,别点击这样的链接)

……或许,

我们能把 Jones Day 弄下谷歌的首页。"

(所有超链接明显指向危险网站。)

"我感觉,众达今天日子不好过!"

"喂?史翠珊效应?"

"谷歌炸弹真是好玩意……"

"……法官甚至不看辩护状……"

"对,达拉法官,不够格,

就是一骗子。"

"你可以在这里给他打分。

这会相当有趣……"

48 小时之内,提供法官评价系统的网站(律师更衣室),充斥超过 100 次评分,许多还是来自"律师"的评分。2 月 22 日之前,达拉法官三年之内收到共计 7 条评价。但一夜之间,他却成为十分受欢迎的人物:

"该法官拒绝看辩护状。"

"坏脾气,很可能是骗子。"

"法律界的耻辱。"

"TMD! F★ck!

他曾要爱抚我年幼的弟弟,

还想在法院卫生间

跟我口交。"

"不看辩护状,

因为对方说这有偏见,

昧着良心的。"

"偏心,懒惰,自以为是。"

"法律系统的耻辱。"

"腐败,无能。"

"贪污。"

"他是个腐败差劲的小丑。"

"偏袒。"

"法官理应过目呈交给他的每一封辩护状。"

"垃圾,垃圾到不能再垃圾的法官。"

"无耻。"

"骗子,贪官,蠢蛋。"

"评价系统太破了,

一分已经很给你面子了。"

"彻底的蠢驴。"

"法官,看看面前的辩护状吧。"

在此,只列出很小一部分。谷歌炸弹,史翠珊效应和一个垃圾网站。搜索众达,"别点击该链接"的提示更使链接的网页出现在搜索结果,人们点击进入,电脑可能立马被劫持,或遭遇下载病毒。其他网站讨论发邮件给这家法律公司,或者谈论谷歌炸弹和暴徒帮攻击的每一种变体形式。

列维到底做了些什么,引爆这场混乱?他攻击案子的法官。"事实上,法官让案子拖沓难办,没有基于确凿理由直接驳回上诉,公民诉讼组织和电子前线基金在本案提出的……"这一事实让列维震怒不已,宣称法官拒绝倾听他的证词。接下去的事情更糟,他在自己的博文上反复超链接"众达"29次,其中一些超链接指向公民诉讼组织网站上的诋毁文章或图片。要是对他的目的还有什么疑问,请看他自己的文字:

> "有人或许提议,网络社区回击众达,应该反复深度链接众达到他的网站,链到它反对的东西上去,这是诉讼不能阻止的(此处错误却是原文)。众达盛势欺人,早该知道,他们不会横行一世。除了链接众达自身的网站,社区还可使用超文本链接,展示众达滥用网络自由言论的看法。众达真的相信官司中的理论?我们等着瞧,最后,众达不得不接受他们恃强凌弱的本事到了尽头。"

这吹响了列维网络拥护者利用谷歌炸弹反攻的号角。他煽动针对达拉法官名誉的网络暴乱和暴徒攻击,确实取得他想要的效果,他的请求迅速演变成四面八方全副甲胄的暴徒袭击。

我选择电子邮件当武器

滥用邮件

列维煽动的攻击同样包括电子邮件。攻击者概述一些策略和含糊不清的建议。苏也要对付盗用她的名字创建邮箱账户、发送邮件的人。我也有同样问题。电子邮件作为武器,相当危险。

想象一下,每天早上,你总是第一个到办公室。你从父亲那儿继承这家公司,你父亲从他父亲那儿继承这家公司,你的爷爷是这家 100 年历史小城镇企业的创始人。大多有影响力的零售商在这个行业,平均只待了 50 年左右。当你的长子今年大学毕业回家的时候,你把这间信誉良好、运营顺畅、赢利丰厚的商店传给他,想到这一切,觉得很幸福。

这一天,你打开办公室,感觉不妙。你穿过办公室,注意到所有电话的留言灯在闪烁,瞬时,你惊恐万分,想象着自己爱着的人一直尝试联系某人……任何人……需求帮助。伸出左手赶紧拿起话筒,右手食指按下留言键,发现自己的留言箱塞满了。接下去的 20 分钟,你听到来自全国各地的威胁留言。一条接着一条,有人扬言带枪前来。其他人准备上诉,或已经联系联邦调查局、联邦贸易委员会、州检察长。你抬起头来,看见一张友善的脸庞,地方法官停好车,要来调查,你觉得很欣慰,他最近接到无数关于你的奇怪电话。

你的公司遭遇攻击。你在睡觉的时候,上周开除的员工发了成千上万垃圾邮件为你的公司"做广告"。最糟糕的是,这些邮件请求愤怒的收件人回电话。邮件恶不堪言的内容,加上明显违反联邦《反垃圾邮件法案》(管制商业邮件的联邦法律),足够让北美各地的人们做出上述事情。你的员工全部被狠狠责骂,最后,电话系统完全瘫痪掉,他们才从灾难中喘息。你的邮箱服务器早就废掉了,洪水般涌来的信件堵塞信息通道。你的网站也脱机,似乎某人导演了"拒绝服务"攻击。接下来的日子,你会发现恶毒的网络诽谤直指你的企业。很快,你发现,自己小店

已被报告给澳大利亚垃圾邮件追踪公司,该公司下载攻击者的 IP 地址,发送给全世界的互联网服务供应商(ISP)的订阅用户资料库。只要你发送邮件,ISP 直接把它当做垃圾邮件过滤。同时,美国在线和微软公司的报告系统把你邮箱的地址域和 IP 地址列入"黑名单",有效拦截你发出的大多数邮件。

难道你以为我在编故事吗?我倒希望如此。几天之后,我接到电话,立即走马上任。虽然,已过去好几年,我还是不能忘记,第一次电话联系中,客户声音透出的痛苦和恐惧。当时最大的顾虑是下一轮邮件攻击。办公室里的每一个人都吓怕了。顺便提一句,公司业务完全停滞。我们马上联系罪魁祸首。我解释道,我们根本不知道谁才是始作俑者,但是,我们很快会找到他,如果被抓出来,他会从残酷中悟出生活的真谛。

其他攻击也不会到来。我们审视这一状况,很明显,美国联邦调查局帮不上忙,他们只关心十万美金以上《反垃圾邮件法案》违法案件。我们的客户,认真考虑了前车之鉴,知道民事判决没有实质后果。"我们尽量减少损失,重建公司,继续走下去。"很明智的决定。只是,此次攻击对公司声誉带来的负面影响,却需要几十年才能修复。

电子邮件是网络暗器。写到这儿,我收到自己发给自己的邮件,兜售产品应有尽有, 从药物到赌博技巧再到交友网站。域名的发送方策略框架记录(SPF record),一种防垃圾邮件配置,理论上保证发送方地址精准,不被伪造,恰好安装在我们公司的服务器上,还好,替代方案就在手边。我想,这位垃圾邮件发送人猜想我会嗑嗑药,赌场玩几局,泡泡小妞。我不在拉斯维加斯,也不需要这些东西。认真说,垃圾邮件发送人知道,他们可以把任何人的地址键入邮件,这些邮件使用"虚假首标",又有多少人会忽视律师的信件呢?很少人。我想,这位发送垃圾邮件的人正在享受高点击率,意味着,随着时间过去,"我"发出的垃圾邮件数量持续攀高。这是一种身份盗取、名誉损毁、产品诋毁手段,当这些邮件作为垃圾邮件,报告给互联网服务器提供商和垃圾邮件跟踪机构的时候,问题就严重了。

不仅是发送垃圾邮件的人滥用电子邮件,我还见过合法邮件被接受方改得面目全非,挂在网上。一些应急建议:处理棘手问题,只发送 PDF 版本的邮件,这类邮件不能修改。有人喜欢借用法律公司名义,写官方口吻的信件,威胁一切。这也可能发生在你身上。几个月之前,我接到一个电话,来自某家大型电脑公司,该公司法律总顾问询问,"多齐尔先生,你给我们公司写了封信吗?"拿到信件复印件,看见回复地址直接写在信封上,很是惊讶,快速搜索地址出处,发现来自维吉尼亚州立监狱。我打赌这不是监管人寄出的,这个猜测够大胆。

另一方面,针对商业的网络攻击通常包含更隐私的时刻。以下,我告诉大家一些发生在 2007 年 10 月,我的法律公司遭受"暴徒帮"袭击的片段。我们最好抱着娱乐的态度回顾,电子邮件流量如何影响你公司以及随之折腾你的员工,这会是个佳例。他们既然有时间发邮件给你,那么,肯定有时间在网上胡言乱语。几天之内,网上对我们公司的污言秽语层出不穷,更别提收到的来自世界各地的无数电话,通通来自"匿名懦夫",当然是懦夫:

"只想发泄一下。

恶心的公司,还有你,低级的人!

偷重要的内部资料,

烧掉 TMD 的楼!"

"你 TMD 根本不知道 TMD 法律。"

"一帮蠢蛋。"

"你们这帮法律衰人

什么时候才醒悟自己是废物啊?"

"白痴。"

"傻 B"

"一群呆瓜……我双手赞成你们公司被搞臭。

祝今天过得快活。"

"我看着呢,蠢驴。"

"你们简直是白痴,怎么可能拿到法律博士学位。"

"你们怎么不干脆禁止自由言论?

律师只知道赚钱。"

"他说他不喜欢政府。"

或者"他试图告诉人们,

我的公司正在压榨单亲妈妈！"

"真是个美妙的世界……"

"猪脑子。"

"TMD 律师,只知道赚钱！"

"卑鄙。"

"你已经被列在最受欢迎之一的网络日志(几百万读者),

你不要脸的故事很快就在谷歌排名蹭到首页。

我的朋友是谷歌广告合同律师之一,

顺便说声,

要是你想移除谷歌搜索结果,本人爱莫能助。"

"你们是法律白痴。我想杀了你们……"

我们怎么会到这一步？你觉得,快马邮递马不停蹄的时候,这些乌七八糟的言论是通过打印文字在交流吗？我们仍在处理纸上文字,分配系统却在演变,书面传播性质不变。某些事物发生变化了,交流分配的方式一如往昔。接下去,我们稍微深入讨论。

只准周四打棒球

冒名顶替

我想起一个故事,两位上了年纪的绅士每天约在中央公园见面,一起幻想棒球打发时间,他们约定,无论谁先过世,都要去看看天堂有没有棒球,回来告诉另一个人。后来,一位老人去了天堂,回来告诉他的朋友,一个好消息,一个坏消息。好消息,天堂有棒球;坏消息,只有周四才能玩。

那么,我们这里的好消息呢？世上有一种绝妙的社区叫互联网,它能实现你的梦想。

坏消息呢？那些梦想会吓到你。

Twitter,微博网站,只允许张贴 140 个字符长度的博文,是个有趣的网站,吸引有趣的人不断上网发帖。

电子邮件以你的名字开户,黄色影片立马发送。你突然收到奇怪的电话,回应"你"在 Craigslist 网站上贴出的特别诱惑。你的照片和其他个人信息盗用在交友网站上开户,MySpace 和 Facebook 上的新人似乎凭空冒出,你新建的网站如何呢?喜欢吗?

你尝试开博客,却发现自己的名字已被盗用。快速博客搜索显示,你已经有自己的博客了……上面布满稀奇古怪的抱怨怒骂,攻击你的老板、同事、美国总统,此时,你觉得,下一个敲门的人很可能是特务机关。似乎,你活跃在整个网络讨论,胡乱放话,煽动参与论坛的人,怂恿他们采取行动,看上去你在撺掇一场"暴徒攻击"?很不幸,正是"你"。

很快,虚假描述、虚假账号、对你的恶评影响你的网络声誉。谷歌炸弹在你面前爆炸。你的叫嚣、攻击性言论惹毛了别人,他们出于自卫炮轰你,匿名超链接你疯狂的博客,在博客里诋毁你,发起或参与博客群攻,对你造成不可挽回的伤害。

回复冒名攻击会牵连自己。某些网站有太多顶替的人,网管干脆听之任之,忽略一切帮助的请求。另外一些网站意识到事情的严重性,尽量积极主动解决。冒名攻击发生在任何人身上,不仅仅是音乐家和运动健将,执法人员、犯罪被害人、医生、律师都是受欢迎的攻击对象。MySpace 上甚至有为被冒名的教师准备的指定申诉提交表格。

好消息来了,如果你跟合法的博主交涉,他们会撤下帖子。我记起来,有一次,遇到一个难搞的"自己"在博客写了篇版权侵犯文章,当我请这位博主撤销这篇文章,他却振振有词,说这肯定是我写的,因为里面有我网站的链接,其实这个链接中,我的名字都拼错了,有时候,你真会碰上一些笨蛋。如果,"你的"评论引发许多对话,博主一般选择继续挂在网上,收获搜索引擎最优化成果和广告效应。毕竟,眼球就是经济。

一个月不到的时间,我不再听到有人以我的名字在网上威胁他人或做出声明。不幸的是,发送勒令停止通知函,并不能挽回声誉。事实上,这可能变成谷歌炸弹和暴徒攻击的源头。这同样会发生在你身上。

为了保护你自己,建立早期预警系统,到每一个主要的网络日志、电子邮件、社交网、社会化书签、名誉相关的网站以自己的名字申请免费账户。如果你的名

字独一无二,网站告之你的名字已被注册,那么,小心了,坏事儿可能近在眼前。采用你的名字、你孩子的名字、你公司的名字变换成各种版本,记住,申请免费。攻击爆发时,准备好去网站,完成移除冒名顶替者发表内容的步骤,仍要小心这种自救行为,因为,非法分子最喜欢在暴徒攻击你的名声中玩的伎俩之一,声称你确实做了如下评论,如今却尝试撤销。然后,他们诽谤你"欺诈",变成一个恶性循环,无止无尽,造成谷歌搜索更多关于你的负面结果。

全体起立!
(终审)

2005 年,那时还没有 Twitter,在那个漫长得好像没有尽头的一年里,想及三月和五月发生的那两件大事,我乐意听取上帝可能给的任何建议。

在案件诉讼的过程中,克拉克的辩护律师极力抵抗,不知怎么回事,这个案件的走向开始变得不可预测。2005 年 3 月 7 日,克拉克在路易斯安那州法庭审判时宣誓并为自己作证,大卫乘飞机前往审讯,事实表明,他的确是一名非常出色的审讯员。在他的审讯下,克拉克承认,虽然她请了律师,但她没付过一分律师费,而当被问及在过去超过一年的时间里谁为她支付律师费时,她声称不知详情。在大卫的不断询问下,我们得知,为她打官司的律师事务所和另一家律师事务所有直接的联系(大家鼓掌祝贺一下这个发现吧),而这家事务所是她的一个客户,她把电脑卖给了——对不起,应该说是送给了——他们,相当于 12 500 美元,作为暂时不能支付律师费的赔偿金。

而这家律师事务所,就是以前为那家势力庞大的起诉我的大企业所请的辩护律师事务所。这家公司不让我批评他们的医疗机构,企图让我保持沉默,但最后他们还是失败了。我想,他们现在看到我和克拉克打官司,便希望能"保护"克拉克,让克拉克赢得诉讼,以此来毁坏我的名声。真有意思,有时候你在法庭上做不到的事情,竟然能通过网络做到。

克拉克请律师可以不花自己的钱,但对我来说,事情却不是这样的。到 2005年 5 月为止,从物质方面上看,我不仅为了诉讼费掏空了我的储蓄,而且在精神上也深受影响,我身心疲惫,感觉快坚持不下去了。但是每次一谈到和解问题,她的律师总是敷衍了事,不和我们讨论协商。可是仔细想想,如果现在我中断诉讼则更是一种失败和悲剧,因为那样克拉克就可以继续不断地、更过分地诽谤我。

因此,虽然诉讼费用在不断地增加,但我没有其他的选择,只有硬着头皮挺

下去。这可是相当大的一笔钱,都是辛苦攒的,换来的就是为我作证的证人们提供的证词。可以肯定,这些证人来自不同行业,或在生活上,或在工作上,曾和我有过接触,他们对即将到来的终审裁决有着重要的影响。但后来让人意外的是,终审时间延迟了。

大卫去年花了大半年的时间记录各个地方证人提供的证词,为这件案子细心地准备着。按之前的时间表,终审时间是大家刚从独立日假期中归来的时候,也就是2006年7月6日。但意外之事总是接踵而来。就在终审日期的两个月前,克拉克的律师团突然宣布他们不再担任她的辩护律师,因此法官决定将终审时间推迟。为了等到公正的判决,我别无选择,只有等待。即使有人说:延迟的裁决等于败诉。这真是个让人难熬的时刻。

从那以后,克拉克拒绝参与这件案子,打电话给她时,她对我的律师说了句"你们爱怎么样就怎么样吧,我不在乎",就挂了电话。虽然通知了她来讨论调停事宜,她最终也没有出现。大卫继续将诉讼书和各种函件寄到她提供给法庭的地址。这个地址是得克萨斯州的一个有警卫看守的高级社区,虽然不是什么超级穹顶房,但里面有果岭、健身房、俱乐部、商业中心,还有两个游泳池。

让我伤心的是,有些人(包括那些不了解这件案子的律师)认为我胜诉了是因为克拉克家受卡特里娜飓风影响而未能出庭为她自己辩护。这简直就是胡说八道。

以后她肯定会在上诉法庭及公共场合声称自己是卡特里娜飓风的受害者,因此在精神上深受影响,未能准时出席开庭。但克拉克的一位证人不小心在证词中提到,克拉克在飓风袭来的三周前就将房子卖了。由于她的律师团拒绝为她辩护,她很沮丧,从得克萨斯州搬回到路易斯安那州,然后去拉斯维加斯度假并结婚了。

因此,在那个星期一,也就是9月18日法庭开庭的时候,我四处张望,没有找到克拉克。我一直期待有这么一天,我能够在法庭上与她对峙,让她自己亲自向陪审团解释,但这些都不可能发生了。不过审判还得继续。

我们做的第一件事情就是挑选陪审团。经过了漫长的等待,法官最后看着大卫点点头,示意他做开庭陈述。我有点迫不及待,希望他能快点陈述证词部分,但是为了让法官容易接受,大卫慢慢地一点一点陈述证据,十分明晰地叙述案件的始末。大卫的陈述直截了当,毫不夸张。但由于我实在是过于急切地想要还自己清白之身,他的陈述对我来说很长很长。已经三年了,我已经准备好接受任何审判结果,那样我就可以继续新的生活。我想要看看在听完我的证词后陪审团的态度,我想要看着他们的眼睛,告诉他们我的故事。我想我急切地盼望有个权威人士站出来宣布我是无罪的。他们判决书上的那些文字是我最希望得到的。所有这些,就是那个大多数时间都在开庭陈述的上午我所想的。

由于这件案子的证人来自美国不同的地方, 我们可以用宣誓作证时作的文字记录来作为证据,大卫或用书面材料或口头陈述,将证人的证词展现给法官。

如果可以的话,想象你当时和我一起坐在法庭上。如果可以的话,想象一下大卫大声宣读的证词都是每个证人宣誓后陈述的, 他们宣誓他们说的每一句话都是事实,完全是事实,没有一句谎言。帮帮我吧,上帝,我最不情愿做的事就是让这些好心的人们承受我曾经承受过的痛苦, 因为我将会在这本书中使用他们的真实姓名。

不知道你们是否对大卫有了个大概的印象,他是这样的一个人:他身高 5 英尺 8 英寸(约 172cm),他没有沙奎尔·奥尼尔那样高,但在任何一个有他在的房间里,你都会注意到他的存在。他很会穿衣服,虽然我并没有看他的衣服品牌是什么,但当他想取得成功时,就像在这个审判过程中,他可能会穿布克兄弟的服装。我已经四十多岁了,他才三十出头。

大卫是个极其机敏的人。如果他想要做的话,他的敏锐和机智令人生畏,我很难想象他如此小心谨慎地和另外一个人说话——尤其是和一个与他联系密切的陪审团。我不太确定是他令人愉悦的声音,是他优雅的举止,是他跟别人的眼神接触,是他的真诚,还是他的激情,也许是所有这些因素,也许是这当中某些因素,我不能确定到底是什么原因,使得人们一看到他就会注意到他并尊重他。真的很庆幸,很庆幸他是我的辩护人。

大卫提审的第一个证人是一位中年妇女, 长得漂亮但是却有为生活所累的痕迹,一个没有孩子的成年人,或者孩子很乖巧的父母们,是不会有这样的特征的。至少按照我多年的观察是这样的,而且我也发现我见过的家里有爱闯祸的小孩的家长都有这样的特征。

大卫开始提问:"琼斯女士,能否请你告诉我们,你是如何认识苏·雪夫的？"

"在佛罗里达州召开的一次讨论教育机构虐童问题的会议上。"

"那请问你知道 PURE 是什么机构吗？"

"这是苏·雪夫成立的一家小公司,专为父母提供咨询和服务,以帮助父母将他们的孩子送去一个良好的教育机构。这些教育机构都是公司调查过,以确保孩子们的安全。"

"谢谢。请问你是否知道一个叫克拉克的人？"

"是的。克拉克曾就她儿子的问题咨询过苏·雪夫。她的两个孩子被送到哥斯达黎加的一个问题小孩的教育机构里。雪夫女士尽其所能地帮助克拉克女士,为她提供信息。有段时间,克拉克女士的邮件地址在我们的邮寄用户清单上。"

"好的。接下来我要向你展示我的证据综合清单,请你向法官说明一下这是什么。"

"哦,这些是一些我们尝试帮助克拉克女士以及后来我们没按照她希望的去做时她感到很生气时发表的文档资料。"

"请问'利萨'是谁？"

"她和克拉克女士的儿子们一样,在哥斯达黎加的那所教育机构上学。据说她遭人强奸并被虐待。当克拉克女士想把孩子接回来时,她邀请了媒体。她通过电子邮件,而没有通过邮件发送清单来联系我,告诉我她有一些文件能帮助她的孩子们脱离这个教育机构,她需要利萨站出来,使这些文件能签字生效。"

"你是否认为,如果这些文件生效的话,克拉克女士能获得一些经济利益？"

"是的,律师先生,我是这样认为的。而且她说如果受害者能站出来说话的话,这是肯定的,'我需要她对媒体公开事实,这样才能签合同。'"

"那你是否了解她接近苏·雪夫,试图让雪夫说服利萨来和媒体对话这件事？"

"苏·雪夫和她用邮件交流,反复地强调这个孩子受了很大的伤害,不好站出来。后来克拉克女士的邮件变得越来越疯狂,她认为苏·雪夫能够说服利萨,只是不帮助她。我觉得,我们博客用户清单上的每个人都曾和克拉克女士交流过,并认为她这样做是不合适的,因为这个孩子是受害者。她并没有迁怒于其他人,只是对苏·雪夫感到气愤不满。因为她认为只有苏·雪夫能说服利萨,但不愿意帮助她。她认为我们这些人都帮不上她。你看,在这个邮件里,她写到她会尽她所能把真相公之于众。"

"你是否曾经在你们微博客之外的地方看到过克拉克女士的帖子？"

"看到过。当我们把克拉克女士从我们的 Trekker 博客用户清单中删除后，她便在其他的网页上发帖，这些帖子大多数是针对雪夫女士和 PURE，那语气充满敌意，充满怨恨。她真是一个恶毒的人。"

"在你看来，克拉克女士关于雪夫女士的陈述是不是真的？"

"波拉克先生，当然不是真的。有三四个星期，我去看了这些帖子，但说实话，这些帖子真让我不舒服，后来，我就不看了。但我知道，有相当长一段时间，克拉克女士还在发表类似的帖子。那一阵，苏有时会向我哭诉，她担心网上这样的评价会影响到她试图要帮助找教育机构的孩子们。这些人身攻击，加上同行的一些攻击，让她备受打击。她经常流眼泪，情绪很极端，以前她从来没有这样过。"

"那在你看来，PURE 以及帮助孩子们对雪夫女士来说重要吗？"

"这些对她来说是非常重要的。她一天 24 小时都在为这些忙碌着。如果某个家长需要的话，她深夜都会打电话帮助他们。雪夫女士全身心地投入到 PURE 和帮助家长这个事业中。那是她的生命。"

"你是否知道雪夫女士曾对克拉克女士做过什么事，以至于产生这些消极的评论？"

"雪夫女士没做过这样的事，但克拉克女士认为雪夫女士不帮助她劝利萨站出来向媒体暴露她的事情或者伪造这样一个故事。克拉克女士因此损失了一笔她眼看就可以拿到的钱，而她认为这一切都归因于雪夫女士不愿帮忙。"

"你觉得你是不是雪夫女士非常亲密的朋友呢？"

"并不是那种亲密无间的朋友，但我很敬重雪夫女士。"

问完这些，大卫停顿了一下，整个法庭里的人都肯定注意到了这一点，每个人都不出声。我于是想：法官此刻都在想些什么呢。直到此刻，我还是不敢相信，这场官司是因一个纪实采访而起，在克拉克看来，是我毁掉了她计划的这个采访。而当初我并不知道有这样一个采访安排，不过，即使我当初知道有这样一个采访，所有这一切都不会改变，因为我不可能将一个年轻的受害者推到媒体的聚光灯下……这样有什么意义吗？为了金钱？为了做那 15 分钟的名人？是的，我终于明白了我自己的答案，无论如何，我都不会有那样的想法。

　　我一直在看着法官,在想他们此刻在想些什么,在想好不容易熬到了今天,不知道今天一切是不是会结束。三年了,已经三年了,所有的这一切都始于那个威胁:"苏,你马上就会完蛋的,我敢肯定你会担心得要命。你也明白你会完蛋的,因为你曾经做的事和正在做的一切都是错误的!"后来我向法庭起诉,证人一个接一个地站出来为我作证, 各种文件也越堆越多, 我热切期望这一切能早点结束,这种期待甚至胜过期望让年纪和我相仿的法官为我澄清罪名。重新回忆当时坐在这个满是陌生人的法庭时的感觉是非常痛苦的, 那种痛苦还是让人记忆犹新,特别是当大卫让朱迪·戴维斯出来作证的时候。

　　"下午好,戴维斯女士。你已经宣过誓,所以当你在法庭作证的时候,你要为自己的誓言负责。戴维斯女士,你认识苏·雪夫多久了?"

　　"大概三年半了。"

　　"你是如何认识她的?"

　　"我把我儿子送进一家教育机构后,就上网去查询相关情况,看到了她的网址。于是就联系了她,并向她咨询我儿子去的那个教育机构的基本情况。"

　　"她向你提供的信息对你是否有帮助?"

　　"有帮助,她了解很多情况。"

　　"你是否见过克拉克这个人?"

　　"没有,但我知道这个人。克拉克女士和雪夫女士联系过,她想了解一些信息,希望雪夫女士能帮助她使她儿子脱离哥斯达黎加一所机构,是她前夫将孩子送进去的。"

　　"克拉克女士是不是明白这所学校在哥斯达黎加, 而她对那个地方并不熟悉?"

　　"是的。我知道她联系过媒体机构,并和以前去过那里的人谈论过这些事。"

　　"她决定把这些人带去是她自己的主意还是有人迫使她去做的呢?"

　　"哦,不是的,这是她自己的主意。如果是我,我也会让人陪同我去这样一个陌生的地方。那可是外国,我不知道那里是什么样的,也不知道会发生什么事。"

　　"谢谢。戴维斯女士,现在我会给你一份证据综合清单,在第三页,你会看到Trekker博客上的用户清单。清单上有没有用户试图帮助克拉克女士使她的孩子脱离哥斯达黎加那所学校?"

"有的。上面每个人都试图帮助她,而不是伤害她。有一个女孩在一所学校里被人强奸了,我想,那所学校就是克拉克女士的儿子所在的学校。克拉克女士试图让这个女孩站出来曝光被强暴这件事,她有时呼吁,有时威胁,希望这个孩子和她母亲能站出来,她用尽所有办法希望这个女孩能向公众曝光这件事。"

"在这一点上,克拉克女士是不是非常坚持?"

"是的,在这一点上她太过坚持了。她打电话给孩子的母亲,编各种理由希望能使她们和她沟通。知道吗,她一开始就不够坦诚,如果她和她们坦诚说的话,也许事情就不会这样。"

"你知不知道在克拉克女士做这些的时候,她收到什么关于她孩子之类的文件?"

"是的,我认为她可能想利用这个女孩的事情……克拉克女士一直试图将这个女孩的事公之于众,可能对签署那个文件有用。"

"你是不是认为如果签那文件会使克拉克女士得到一些经济好处呢?"

"是的。"

"好的。请翻到清单最后一页,请你总结一下这些邮件讲的是什么?"

"这些是克拉克女士被我们从用户清单里删除过后她去别的网页上发布的帖子。在这些帖子里,她声称 PURE 和雪夫女士是骗子……伪君子,欺诈犯,一切都是阴谋,欺骗家长,将孩子送到危险的地方,孩子在那些地方甚至可能遭虐待。"

"在你看来,这些言论是不是真的?"

"不是,肯定不是真的。苏·雪夫没做过这样的事,她只是试图帮助克拉克女士。"

"你是否知道克拉克女士曾在网上威胁说要将雪夫女士在另一次审判中的供词发到网上?"

"知道。"

"在你看来,如果雪夫女士不诉之法律制止她的话,她真的会把这些供词贴到网上吗?"

"肯定会的。"

"你能否告诉法官,这些负面帖子对雪夫女士有什么样的影响?"

"从精神上来说,雪夫女士备受打击。我是想说,如果有人在网上散布一些关于你的恶意谣言,却不能为自己申辩。而且因为这些帖子,对雪夫女士的财务状况也有影响。"

"你知道对雪夫女士的财务状况造成什么样的影响吗?"

"我不应该用财务这样的词,我想说的是,苏经营 PURE 从没有真正赚过很多钱,但是这些帖子却使得父母不再联系苏以获得相关信息。从这一方面说,是这些帖子让苏不能够帮助,你也知道的,那些需要帮助的孩子们。"

"在你看来,如果这些事没发生她可能可以帮助更多的孩子吗?"

"是的,我是这样认为的。"

"你是否认为由于这些帖子的内容,人们不会再联系她,或者不会推荐大家联系她?"

"是的。"

"从雪夫女士帮助父母和孩子这方面来说,你是否觉得由于克拉克女士的行为,苏·雪夫的状况发生了改变?"

"是的。她现在对人说话非常小心谨慎。由于这些事情,她会推荐父母向其他人咨询,而不亲自和他们交流。"

"我没有其他的问题了,戴维斯女士。非常感谢你花这些时间来作证。"

然后,路佐法官宣布今天休庭。

我记得当时我已经筋疲力尽了,胃很难受,早餐过后便没吃过任何东西,但即使是在五星级宾馆里我也一口都吃不下。我整个人又累又紧张,那天晚上睡觉对我来说都是累人的运动。但到了早上,肾上腺素分泌过量,人异常兴奋,因为意识到几个小时之后,这种噩梦般的生活就会结束,虽然结果难预测。我最后准时到达法庭,真的很奇怪,我竟然走到了法庭,因为我不记得走去那里时的任何情形,一路上有什么,从哪转的弯,路上有什么样的汽车。但我还是到了法庭,法庭里法官、陪审团和法警都在那里,而大卫正请出我们倒数第二个证人。

"早上好,能不能报下你的姓名以备案?"

"约翰·路易斯。"

"请问你住在哪里,路易斯先生?"

"加利福尼亚州普莱森顿市。"

"你的职业是什么？"

"我已经退休了,但以前我的职业是一个教育心理学家,我是一所学校的心理咨询师,同时我在一家私人诊所做兼职。"

"因此你会在你的职能范围内,向咨询你的那些打算把孩子送入寄宿学校的父母们推荐雪夫女士和PURE,是这样吗？"

"是的。"

"你是否认为雪夫女士在帮助这些父母方面做得很好呢？"

"是的,做得很好。"

"在你和雪夫女士打交道的八年里,有没有什么事让你觉得她是一个骗子、伪君子或诈骗犯呢？"

"没有。让我说两句吧。我曾经推荐过一些客户给她,他们对雪夫女士提供的服务很满意,多数情况下家长都把他们的孩子送到雪夫女士和PURE推荐的学校就读。后来我又推荐了一个客户给雪夫女士,这位客户准备把她的侄女送到一个寄宿学校去,她是她侄女的监护人。但是没过几天,这位客户很沮丧地回来对我说,她在网上看到了很多关于雪夫女士的负面评价,并问我对此是否知情。我当时并不知道这些负面评论。这位客户说看了这些评论之后,她不敢打电话咨询雪夫女士。这些评论都是关于什么欺骗或蒙骗大家,或收费过高,或对人们使诈之类的。"

"那位客户是通过网络了解这些关于雪夫女士的情况吗？"

"是的,只要在任何搜索引擎中输入PURE或苏·雪夫,她就会看到这样的信息。她对我很不放心,因为我不了解这些信息,或者说,我知道,但是却没有告诉她。"

"你客户从网上了解到的这些信息对你以后向雪夫女士推荐客户有影响吗？"

"是的。我不再向客户推荐雪夫女士和PURE,也把她的名字从北加利福尼亚州学校心理学家推荐人索引目录中删除了,因为我觉得如果我推荐客户去咨询一个服务被公开质疑攻击的人,我自己的声誉也会受到影响。"

"也就是说那些网上评论让你决定不再向雪夫女士和PURE推荐客户。"

"呃,也不仅仅是我,我所有曾向 PURE 推荐过客户的同事都不推荐了。当时大概有 30 至 60 个人都是这样做的。"

"好的,你能不能描述一下你阅读的这些帖子的语气态度?"

"都是否定的,极尽诋毁,充满敌意。"

"能不能说这些帖子会使雪夫女士烦恼痛苦?"

"是的,肯定会的。因为当她跟我打电话时,我说她听起来很伤心,很沮丧,她也告诉我她很沮丧,很尴尬,很气愤,很受挫,都无法再继续向各个家庭提供信息,向孩子们推荐合适的学校,网上那些关于她、PURE 和她女儿的谎话让她承受不住,因为她知道很多人都会看到这些帖子,这对她来说是个灾难。"

"应该说,在你的专业范围内,就是在和这些问题孩子的父母亲以及在这种教育机构中待过并出来的人打交道这一方面,你应该是资深专业人士吧?"

"是的。"

"根据你在公告栏和网上了解的信息,是不是很多家长和在这种教育机构待过的孩子对这些机构的意见很极端?"

"是的,我认为在这个试图帮助孩子的群体里,这种极端的思想有时会用一种充满敌意的方式发泄到其他人身上,而雪夫女士就是这样一个受害者。"

"那些告诉你这些帖子的人,是否提起他们也对雪夫女士说起这些帖子呢?"

"没有,他们只是说,他们了解到这些情况。因为这些帖子,雪夫女士失去很多支持者,而且他们也不想再和雪夫女士有任何联系。"

"你是否知道,在这些帖子发表之前,有人曾经攻击过她?"

"没有。事实上,她是一个领导者,有点像是那些需要帮助和咨询的人们的领袖。她时刻准备着为人提供帮助,人们可以在任何时候给她打电话,发邮件。据我了解,她总是向人提供正确有帮助的建议。她是这样一个领导者,人们敬重她并希望能回馈她曾给过的帮助。"

"也就是说,这些帖子影响了雪夫女士在这个帮助问题孩子家庭这个群体中的声誉。"

"这些帖子对她或她的声誉影响是很大的。关于 PURE 和雪夫女士的争议,人们的担心和负面的评价,都使得我不能给她推荐客户。"

"所以即使这些信息不是真的,你也没有办法坦然地介绍客户给她,因为这样可能影响你的名声,对吗?"

"是的,你说得很对。"

"好的。请问你是否知道,除加利福尼亚之外,在你个人的交际圈之外,还有其他人向雪夫女士推荐客户吗?"

"我知道在美国各个地方都有人向雪夫女士推荐客户。因为有时我打电话给她,向她说明某种状况或要求时,她会说:'我以前曾经向客户推荐去这个青少年计划工程,我认为这能满足你的要求。'而且我也会,嗯,从其他在纽约、俄亥俄或明尼苏达这些地方的治疗师那里听说一些关于雪夫女士的情况。他们很乐意将客户介绍给雪夫女士,事情进行得都很顺利。因此,我知道雪夫女士有很多像我一样的专业人士向她推荐客户。"

"在网上发布这些帖子的时间早,还是你得到这些关于雪夫女士和 PURE 的积极评价的时间早?"

"以前我听到的都是关于她的积极评价。直到有一天我那位客户很沮丧地说我不告诉她在网上对雪夫女士有这么大的争议或对这些不知情。之前我介绍给她的客户都对雪夫女士的服务很满意,并告诉我雪夫女士为他们提供了比他们预期更多的信息,帮了他们很多忙。即使有些客户没有把孩子送到雪夫女士推荐的学校,她也回答客户的各种咨询,并免费为他们提供很多信息,客户们都很吃惊,也很满意。"

"我没有其他问题了,路易斯先生。非常感谢你花这么多时间回答我的问题。"

现在,马上就要请最后一个证人出庭作证。

那就是我。

老实说,我没法告诉你当时大卫问了些我什么问题,而我又是如何回答的。大脑总有办法忘记那些它不想再想起的事情。我只记得,我坐在证人席上,却不能直接和诽谤我是骗子的那个人对质,这真是糟糕,太糟糕了。让我稍感安慰的是,我另一个愿望实现了——面对陪审团。我终于可以看着他们的眼睛,直接向他们坦露,我希望他们能理解这一刻对我有多么重要。我已经在这样的人间地狱里度过了三年,现在的审判就是我的炼狱,而他们的裁决就是我的末日审判。

大卫的终结辩论实在太精彩了。他一一陈述了这几年收集的信息,便于陪审

团了解真相——被告的所作所为反映了她贪婪、仇恨、诓骗和邪恶的心理。听到这些，我明白不管这件案子如何定案，我已经是清白的了。我一直祈祷，祈祷有一天，在一个地方，有人能真正理解我所承受的一切。那个人就是大卫·波拉克，那个地方就是在这些同辈的陪审团面前，那个时刻就是现在。

那一天是 2006 年 9 月 19 日，星期二。当时是下午，快到 14:30，在佛罗里达州的布洛瓦尔德，天气晴朗。在这条街的南面，海浪翻涌，当六名严谨的陪审团依次走进旁边那间空法庭讨论的时候，我的心就像乘上海浪翻腾不已。

我不知道接下来会发生什么。大卫身体微微前倾，小声说道："呃，马上就有结果了……"当他说完，一名面容和蔼的稍稍年长的法警宣布："全体起立！"我希望我能够抓住个什么东西维持平衡，因为我的双腿像站在棉花上一样。

尊敬的约翰·路佐法官，身穿黑色法官袍，头戴法官假发，极其庄严地坐在列席中央的最高席位上，问陪审团团长："陪审团对判决达成一致了吗？"

"是的，法官大人。"她将判决书交给法警，法警又转交给法官——法官赞同地微微点点头——然后判决书又从法官手里转到法警再转回到陪审团团长那里。当她一句一句地读陪审团全体一致通过的判决书时，我屏住呼吸，血液充斥到耳部。

手拿着判决书，团长开始大声宣读他们一致通过的这个判决，大卫开始计算那些数字，而我忍不住突然哭起来，眼泪不断地涌出，流下脸颊。我要亲自看看，摸摸这份判决书，因为这是陪审团对滥用我们言论自由权利的愤慨，它向全世界大声宣布着这样的信息。听着吧：

CASE NO. 03-022837 (18)

IN THE SEVENTEENTH JUDICIAL CIRCUIT
IN AND FOR BROWARD COUNTY, FLORIDA

CIVIL DIVISION

CASE NO. 03-022837 (18)

SUSAN SCHEFF, individually and as
parent, guardian, and next friend of S.S.,
a minor child, and PARENTS UNIVERSAL
RESOURCE EXPERTS, INC. a/k/a PURE, a Florida
corporation,

    Plaintiffs

v.

    Defendant

VERDICT FORM

WE, THE JURY IN THE ABOVE STYLED CAUSE, FIND AS FOLLOWS:

1.   What is the amount of any loss, injury or damages sustained by Sue Scheff in the past as a result of Defendant's actions?

$ *890,000.00*

2.   What is the amount of any loss, injury or damages to be sustained by Sue Scheff in the future as a result of Defendant's actions?

$ *2,535,000.00*

3.   What is the amount of any loss, injury, or damages sustained by PURE in the past as a result of Defendant's actions?

$ *1,170,000.00*

CASE NO. 03-022837 (18)

4. What is the amount of any loss, injury, or damages to be sustained by PURE in the future as a result of Defendant's actions?

$ 1,755,000.00

5. What is the total amount of punitive damages, if any, which you find by the greater weight of the evidence, should be assessed against _____?

$ 2,000,000.00 (for PURE)
$ 3,000,000.00 for Sue Scheff.

If you elect not to assess punitive damage against _____ you should enter a zero(0) as the amount of damages, and sign and date the Verdict Form.

TOTAL DAMAGES OF SUE SCHEFF $ 6,425,000.00

TOTAL DAMAGES OF PURE $ 4,925,000.00

SO SAY WE ALL, this 19 day of September, 2006.

Amber L
FOREPERSON

(译文见后面)

98

案例编号:03-022837(18)

佛罗里达州布洛瓦尔德县17司法环形街

民司部

案例编号:03-022837(18)

苏·雪夫,代表个人,
S.S.(一个小孩)的母亲、
监护人和诉讼代理人,
以及佛罗里达州 PURE 家长联合资源专家协会

　　原告

起诉

　　被告

判决书

我们,陪审团,基于以上所列原因,作出判决如下:

1.　　因为被告的行为,苏·雪夫过去所遭受的损失、伤害或打击获得的赔偿金额是多少?

$890 000.00

2.　　因为被告的行为,苏·雪夫将来要遭受的损失、伤害或打击获得的赔偿金额是多少?

$2 535 000.00

3.　　因为被告的行为,PURE 过去所遭受的损失、伤害或打击获得的赔偿金额是多少?

$1 170 000.00

案例编号:03-022837(18)

4. 因为被告的行为,PURE 将来要遭受的损失、伤害或打击获得的赔偿金额是多少?

$1 755 000.00

5. 在有充分证据证明的情况下，如果有任何罚款金额，对于估计的总金额是多少?

$2 000 000.00 (给 PURE)

$3 000 000.00 (给苏·雪夫)

如果你选择放弃对××罚款金额,你要在罚款金额旁边写上零(0),然后签署这份判决书,并填上日期。

苏·雪夫的获赔总金额 $6 425 000.00

PURE 获赔总金额 $3 000 000.00

宣判日期为 2006 年 9 月 19 日。

陪审团团长

石灰岩理论

法庭审判的真正意义

当那些藐视法律者和违法犯罪者被判有罪时,他们都会说"石头里面你榨不出水来"这样的话,认为这些判决只是些书面文字,兑现不了。很明显这些人根本没学过地理,没看过真人秀"生存者"这个节目,里面的人能从最不可思议的地方获取水,包括那些石灰岩岩石,在这些石头里,几百年来,水都能渗透在其中。

事到如今,还有这样的错误观念,真是可悲。1994年,我踏入电子商务世界,成立了一个风险投资,专为解决电子商务纠纷的公司,现在这公司已经成为我们行业内这个新领域中的佼佼者。但在那之前,我是一名债务追讨律师,处理过成千上万件索赔案件,我每个月都能将1 000个案子成功归档,所以当我说我们有很多办法来追讨判定的债务时,请相信我说的都是事实。因为现在赔偿类的判决会带来的后果是前所未有的。就像网络和谷歌能够用来攻击人一样,也可以用来传递信息。

任何判决都是公开的信息,因此,过不了多久,网络就会成为传播判决结果的有效途径,债权人可以将判决结果发布到网上,还可以使这些结果像现在的"产品综述"或"骗局举报"之类的网站那样,很容易地被人注意到。这样的话,即使债务人没有能力马上或短期内偿还债务,但在"羞耻心"的驱使下,他也会尽快偿还。像这样的大数量赔偿金额的债务人(苏这样的案例以后会更普遍),他们会受法院强制令的束缚,在网上冲浪以及在网络上积极而有诚信地交流的权力,可能会永远成为历史。这些都会让那些认为可以无视法律的人目瞪口呆。

苏明白,如果追讨不到这些判决债务,作为一个1 100万美元的债权人是没有意义的。大多数户主的保险单里都有一定的保险总额,可是毁谤苏的这个人却没有。但是苏仍然聘用了路易斯安那州的律师,他会积极追讨这些判决债务。我有些话要对那些藐视法律的不法分子说,你们这些人认为法律体系惩罚不到你们,你们现在都不自愿交纳判决的债务,你们认为你们可以躲在某些组织的庇护

之下(没人能庇护得了你们),你们把自己的财产转移到海外。要知道1 100万美元每年利息就超过100万美元,如果你认为可以选择破产,在大多数情况下你将会失望而返。

法律体系会惩治不法分子。经验告诉我,大多数在网络上攻击伤害他人的人认为他们的所作所为不会给他们带来任何损失。对于他们造成的问题,他们会说你们从石头里榨不出水来,从萝卜里面也挤不出血。如果这样,你们可以进入那些已经受到法律制裁的人们的行列之中。以下是我对这样一些人的回复:

> 亲爱的判决债务人:
>
> 你也已经知道,法官对你做出了赔偿金高达100万美元的裁决,另外还有禁止你大量行动自由的强制令。如果你违反这些命令,你放心,我的当事人会考虑告你藐视法庭,给予民事处罚,甚至揭发你的不当行为,告你藐视法庭,给予刑事处罚。通过阅读网上信息,你知道在网络上有所谓的"债务人的监狱",但如果你继续违反这些强制令,我的当事人会考虑给你机会让你知晓什么是真正的狱中生活。
>
> 在判决后,我们会进入债务追讨阶段,我们有极其完备的追讨方法,追踪你的去向,你金钱的去向,你财产的去向,我们会用你意想不到的方式去了解你生活的方方面面。如果你有工作,我们会扣押你的工资;如果你有银行账户,我们会把里面的钱取走;如果有人欠你钱,我们会查清楚,并没收。从现在开始,每隔六个月,你就要出席一次听证会,你要把你的财务状况报告清楚,包括你的银行账户余额,我们会追踪你的金钱流向。如果你有汽车,我们会没收;如果你有房子,我们会用法院开出的证明,将其出售,获取收益;如果你有洗碗机、烘干机、自行车、电视机或其他任何个人财产,我们都会让治安官过去没收掉,在当地的报纸上登拍卖广告,通通拍卖掉。
>
> 如果你得到了一份工作,我们隔几周就去扣押你的工资;如果你去应聘某个工作或申请一笔贷款,无论何时人们搜索你的名字,

判决结果都会在你余下的生命中出现在谷歌搜索结果的第一页,这项判决结果永远都在,是你留给你的孩子们,孩子的孩子们的遗产。

我们要求每六个月你就要出席一次法庭的聆讯。如果无故缺席,我们可以拘捕你,让你进监狱,直到下一次聆讯日期的来临。毫无疑问,拘捕你的时间和地点都由我们决定。

如果你有任何退休账户,我们都会想尽办法没收;如果你持有股票,我们会强迫其清算,拿到合计的金额;如果你在做在线贸易,我们会扣押你的顾客,不管他们是使用网上支付工具贝宝(PayPal)、谷歌账号、广告联盟 AdSense 还是其他的,我们都会找出来。他们在向你的账户支付费用时,通过一些方式转账给我们,因为我们每隔 90 天就会发出扣押债务人财产的通知。如果你转移到别处,我们会尾随而至。

法官会在你的土地业权记录上标明, 这样以后当你能获取固定资产利息的时候,我们拥有扣押权。我们会将这项判决结果发给信用管理局,你获取贷款的能力就一去不复返了。

不论你搬到哪里,我们都会跟到哪里,把这所有的事情再重复做一次。

也许下一次敲门的就是我们派去的治安官, 不过这也可能发生在任何其他的时候。不过可以确定的是,是我们精挑细选的时间。

很明显,这封信只是比较简明地列举了一些追讨的工具、方法和一些可以采用的法定追缴权,当然这些方法州与州之间会有所不同,但你可以利用一切你可以利用的办法。想象一下,你是债务人——不知道什么时候治安官会突然出现来清点家里所有的财产, 不知道什么时候别人欠他的业务上的款项会消失而进入你的保险箱内, 不知道什么时候会被传票被审问,也不知道什么时候车会被搬走并没收。是的,利用一切你能利用的办法,如果你想钻石头,我建议用凿子。

这封公开信,是我写给那些需要敲警钟的人看的,给那些想让年轻而容易受影响的孩子们知道自己在网上的不当行为的父母们看的, 给那些只想证明我们

的司法系统并不是子虚乌有而是执法有力的人们看的。而对于那些执意要攻击伤害无辜人们的人,那些奉行无法纪观念而不是法律至上的人们,那些把自己裹在国旗中逃避宪法制裁的人们,那些没有勇气站出来公然发表自己想法表示抗议,却随大潮和现在很多人一样攻击那些孤苦无助的人的人们,我要说:如果我们参与进来,我们会找上门去。到那个时候,你除了一生赤贫,别无选择,或者你也可以在逃跑和恐慌中度过你的余生。

石头里面榨不出水来吗?再想想吧。

唤醒沉睡中的老虎

该是你们说话的时候了

每次陪审团都会评判某个人的权利和义务,逐个审理案件,判定哪些是对的,但司法系统最重要的社会效应是教育。在制定社会规范这方面,向人们表明怎样的行为是可取的,怎样的是不可取,陪审员们的裁定有重要的影响,他们都是勇敢的人,为了达到弘扬正义这个目标坚持不懈地努力工作,处处彰显出他们的智慧和公正,令律师和法官深深折服。而且大多数情况下,他们做出的判决都是正确合理的。

苏的这件案子,他们是很正确的。陪审团象征性地判给苏一笔赔偿金。那这会传递出一种什么样的信息呢?那些为受到言论攻击的受害者辩护的律师把这视为一场胜利,因为它向全世界传递出这样一个信息:司法系统跟上了当今社会发展的节拍。为那些盲目推崇言论自由的狂热分子辩护的律师们则将这 1 130 万的赔偿金视为异常,认为这是一时感情用事,冲动的结果,是失控的陪审团脱离现实做出的不当判决。

无视,它就会消失;否定,它就被指责;攻击,它就会枯萎。

但我想起我曾上过的一堂历史课。那堂课是关于 1941 年 12 月 7 日,日本偷袭珍珠港这一事件,那次的日本偷袭事件是不会被人遗忘的丑行。当日本军队的高层庆祝他们认为成功的袭击时,军队的最高领导却担忧他们这样是"唤醒沉睡中的老虎"。攻击,它就会枯萎吗?将人打趴下,他的意志就会被摧毁吗?这次袭击使美国政府确定了目标,决定和其他国家统一战线,积极投入二战。现在的情况就是这样。难道我们的社会是从疯狂的地狱转变而来的？在被禁的《黑色追缉令》中,主角塞缪尔·杰克逊有一句十分妙的名句,从中你也得不到任何启发吗？"凡是正直之人,他们必受到自私之人的不公平对待,也必遭受邪恶之徒的暴行。"

既然这样,很多人都会知道接下去会发生什么。

当然,我并不是在这里宣扬暴力,那样有点过了。但是接下来的斗争还会很艰难,会有各种小冲突、抗议要我们来面对。但这不是一个人的战斗,在我们国家的每个角落,从小的地方法院到美国联邦最高法院庄严的大厅,从地方议会的小会议室到国会的议会大厅,正义将会盛行。

但这个过程中,名誉可能会受损,危险的的确确是存在,那些勇敢站出来说话的人们会受到无情的恐吓和攻击,但还是会有人愿意直视网络世界存在的问题,也许是为了个人的清白,也许是为了献身于公平正义,也许是为了服务国家,也许只是信奉做自认为正确的事情。但是,这样的人总是会出现的。有一天,当这些不法之徒从他们的洞穴里探头出来的时候,就发现有一辆列车正迎面驶来。是的,苏是其他人的榜样,她为此付出了代价,很快你便会发现她付出的代价是多么巨大。

奇异世界

整个审判过程,特别是结束的时刻,我仿佛能清楚地记得,又感觉像梦境一样模糊,就像电影镜头伸出和缩进进行拍摄似的,但让我记忆最深刻,我一生都不会忘记的时刻,是最后陪审团在经过路佐法官的允许,于审判结束后同我在走廊里交谈的画面。

这六个人,在昨天陪审团选举之前我都从来没有见过,但他们亲切而又语重心长地同我说了一席话,直到现在我回想起来还会让我热泪盈眶。有几人告诉我,他们暗自为他们做出的决定祈祷——希望其他陪审员也能做出一样的判决。另外两个陪审员告诉我他们听了我的故事过后很感动,希望我以后能继续我的工作帮助那些有问题小孩的家庭。但他们都说他们是在严格执行他们的职责,希望能告诉大家,利用网络攻击他人是违法的,决不能容许。

然后,他们说他们想快点回家,在谷歌上搜索一下我,因为路佐法官告诉他们,在审判期间,任何人都不能在网上搜索关于我或我这件案子的情况。

你能不能明白,能不能明白这一刻对我意味着什么?这些年,我一直生活在恐惧之中,担心有人会搜索到我,把我看做一个恶棍,因为他们不了解事情的真相。如果这六个人在几天前上网搜索一下我,他们肯定会得出一个结论:我不是好人。但是,同样是这六个人,同样是去搜索一下,却会明白那些帖子要不完全是谎言,要不就是欺骗性地半真半假的陈述,这只会让他们对我的诽谤者感到气愤和厌恶,而不再是对我,这个受害者,感到气愤和厌恶。

这么久以来,我第一次觉得我不必畏惧,不必躲藏,不必逃离,不必下意识地将人保持在一臂之外的距离,从而来保护自己。在那一奇迹般的时刻,我是从容的。我可以抬头挺胸,直视这六个人的眼睛,不再害怕遭到质疑。

他们在临走的时候都拥抱我,和大卫握握手,便离开了,我想可能大卫有点让人望而生畏。大卫告诉我,他以前从来没有看到陪审团在审判结束后有过这样的反应。当我们从布洛瓦尔德县法院走出来,在佛罗里达下午的微风中,大卫终于忍不住向天空挥拳以示胜利,并难以置信地问我:"你赢得了超过 1 000 万美元的赔偿费!你相信吗?!"

当我一个人坐进汽车的时候,我试图让自己冷静下来。我有一个这样好的消息,我急切地想要和……一个人分享一下。但是我没有丈夫,也没有那个特别的人。而我的父母和亲戚甚至都不知道我在打官司,一直以来我都尽量避免让这件不幸的事情影响到我的孩子。所以,我能打电话给谁呢?

我打电话给了我最好的朋友,电话接通后我就问她"你是坐着的吗?"在接起我电话的时候,她是站着的,当她坐下后,我把这个信息告诉了她,刚开始,她不相信。不管怎么说,我们昨天才讨论过我可能得到的判决,如果幸运的话,我可能能得到赔偿金,我们猜可能在 1 万和 10 万美元之间。即使是 10 万,也不及我的诉讼费,但也是一个公正的判决,可以还我清白,这对我来说是最重要的。我抵押了我的房子就是希望有机会还我清白,恢复我的名誉。

带着那种欣慰又茫然的心情,我回到了家,就这样,审判结束了,我成功了。至少我是这样认为的。

我没有想到会又激起轩然大波,就像有只两吨重的大象穿着粉红色的芭蕾舞短裙在我的客厅里跳舞。没有任何预兆,我们这小小里程碑似的案件成了媒体报道的话题,判决结果像病毒一样迅速蔓延开来。

我不知道是谁把判决结果宣布出去的,没等我弄明白,我的名字和判决结果就已经在国内甚至国际的报纸、杂志、网络和其他媒体上传扬开来了。一夜之间,我从一个默默无声的自己花钱打官司的原告人变成一场轰动诉讼案的当事人,成为媒体宠儿,成为人们谈论的热点话题。

大卫的律师事务所每个人都在忙着接电话,PURE 里曾一度没有任何动静的电话,也突然间响个不停,就连我没有对外公布的家里的电话号码和我不轻易透露的手机号码,也……

当我的父亲从发行面很广的《今日美国》中知晓这个不算最新新闻的新闻时,他很生气。为什么我从来都没告诉过他这件事?为什么他明明可以陪着我,而我却要自己独自背负这一切?

天啊,听得我都烦了。我怎么向他解释这一切啊?他可是连个电子邮件都没

有,更不会了解通过网络怎么能够危害和羞辱他人。他们这一代人,认为只有印刷品才可信,像"操"这样的词只会在亲密的人面前才会说,对他们来说,所谓的私人事情就是除自己最亲密的朋友和家人之外,其他人都不会知道……不管我怎样向他们解释,这个互联网时代这些荒诞不经的事情,他们都不可能明白。

我当时真不知道如何回答父亲的那些问题。就是现在,我仍然不知道怎么回答。

终审过后的那两个月过得特别快,比多萝西敲击她的那双红宝石鞋子还快。当我在大家头脑中的形象恢复时,随之而来的关注迫使我不再像以前一样躲闪,我只有尽量做好。实际上,我做得比终审前想象的要好得多。我不知道接受采访该怎么做到,我会紧张,也会没自信,但每次接受这些追寻真相正气凛然的记者采访时,我内心的伤口便会愈合。当我收到邮件说我的案件给那些和我有着相似经历的人们带去希望的时候,我也会感到欣慰。

生活由之前的一团糟,突然变得很好。冷不防地,原先认为可以澄清罪名的媒体,不知要转到哪个方向,我迷迷糊糊地被推向一个我只能用但丁的"炼狱"来形容的境地。

终审过后,克拉克招募了一个新的同盟者,是个参加过"青少年计划"的年轻人,这个年轻人和克拉克一道,对我发起了愤怒的攻击。这新一轮的攻击使我几年的艰辛看起来像《袋鼠船长》里表演的笑话《游戏间》(这是美国一档针对幼儿的电视节目)。

让我们姑且把他叫做……亚历克斯。亚历克斯肯定也会读到这本书,他/她肯定会感到很失望,因为我在这本书里面没给他更重要的地位,没有写到他的真实姓名和确切的性别。你知道,如果我要弄明白这些的话,我得上网去搜索这个人,出于好奇,我会去亚历克斯去的网站,点击各种链接,一些点下去不知道会是什么样的网站的链接。在搜索的时候,这个网址看起来没有什么特别,但只要你点进去了,亚历克斯的目的就十分明显:毁了我。当然每次点击,都让谷歌公司求之不得,就像甜饼怪看到一卡车的奇宝糖果从活板门口倾倒下来,每次点击,也都让亚历克斯兴奋不已。

我没有亲自见过亚历克斯。我只知道他是个精通电脑、忧郁而且残忍的年轻人,他在年少的时候肯定经历过一些痛苦的事情。这也是为什么克拉克能把他拉拢,向我报复,因为是我将她告上法庭,并赢得诉讼,而她很"倒霉",请来的免费律师临阵脱逃了。

你知道吗?当我读到上面最后一句时,我觉得我有点卑鄙。客观地说,克拉克看问题肯定跟我是不一样的。她有她的朋友和家庭,这些人都会坚定地相信她是一个很好的人,而这是我不能亲自感触到的。

对于亚历克斯,我还是会从心底对他这样一个受到困扰的人感到同情,是什么造成他像现在这样……真是有很多不可理喻的地方,我都不知道从哪开始说起,我想如果给你看看我在 PURE 里收到的"询问信息"可以让你略知一二。

发信人:ISFORYOU@tokillyourself.com(字面意思为:给你 @ 自杀.com)

邮件协议:ISFORYOU@tokillyourself.com

发送时间:星期四,4 月 10 日 10:29

姓:我的

名:最后的

姓名:愿望

电子邮箱:ISFORYOU@tokillyourself.com

登录邮箱:ISFORYOU@tokillyourself.com

城市:去

州名:死

问题 建议:你对待亚历克斯的行为让我觉得恶心,你好卑鄙,你自己应该去机构受教育。

你能确定这是亚历克斯发给我的吗?我不能确定。这也可能是亚历克斯的同伙,看到了我和我女儿拥抱的照片,然后像布置恐怖屋似的对照片进行处理,让它看上去恐怖恶心,恶心得用文字很难描述出来。你只要想象一下,然后这个要比你的想象恶心十倍。

亚历克斯有个朋友叫伯尼,他/她在另一个网站上用了整整 10 页来诋毁我,

上面就像是刊登在小报上的新闻,有标题,还有"新闻提示":

内容提要:苏将会收到匿名的死亡恐吓,她一步都不敢离开她家;看完这封邮件,你也给她寄点窗帘布,给她送只狗去吧!顺便说一下,她的邮件说的全是假话,她不会出现在《20/20》(美国广播公司的一期新闻节目)上的……(官方论坛)

事实上,我的确出现在《20/20》,这可真像是捅了个马蜂窝。
再来看几则在万能网上面伯尼发布的小栏报道吧:

"苏是一个忧虑的母亲,也被认为是一个为操心的父母和孩子热心奉献的人。但实际上,她是个贪婪的犹太人……她需要这些钱,当然,那肯定是因为她有那只难看的犹太鼻子,还有那些很明显就能看出来的假胸部,她还要花钱在她的奔驰和游泳池的男人上。"

实际上,我从小就信奉天主教,开的汽车是英菲尼迪。他说我的胸部是假的,有什么男人,呵,我得说伯尼还真是想象力丰富,但我根本就没什么情人,而且我可以说我天生就有可以和多莉·帕顿媲美的大胸脯。等等,下面还有更精彩的:

戏剧,红衬裤,潮人,女巫
摩门恋童癖爱好者,苏——他妈的控告

苏,是一个精通网络的犹太人,在这个网站上潜藏了很久,想看看人们究竟知道她什么事情,想保护她的形象。她根本不反思该如何改正错误,只知道做她唯一擅长的事:说谎,责怪受害者,根本是个不要脸的人。
真是好戏不断啊。有一天晚上她用谷歌搜索了一些色情信息,接着她又去搜索她敌手的信息和更好的玩乐信息。接着她匿名在网上发帖……另一个匿名帖子谈论苏的红色短裤。

蒙特尔·威廉斯(美国一电视节目)完了

内容提要:现在这个年代,叫个黑人出来露露,什么事都能做到。

现在还联系不上蒙特尔,但据说有人看见他在整理他的油光发亮的巨大的非洲式发型,还真是像个非洲人。

我没有上过"蒙特尔·威廉斯"这档节目,但蒙特尔的确做过一期关于青少年计划和虐待的节目,这也许就是为什么他跟"苏—控告"搭上了关系吧。

克拉克、苏和从中捞利的波拉克

遭遇自由言论的种种挑战过后,苏得想办法提升一下士气(还有她那下垂的乳房),想重树形象。她的一个批评者,克拉克,很了解她,知道她是个人渣,所以克拉克做了该做的事,在网上公布了这个臭女人的真正目的,让这个臭婊子不得不停止做害人的勾当。这种形象受损的结果自然是让这个女人没法再做生意。因此这个女人就做了一件她知道该如何做的事,找到她那个臭律师来起诉克拉克。

在卡特里娜飓风过后,克拉克住在联邦紧急事务管理局提供的临时安置处,未能及时出庭。苏的律师,波拉克,只取得了这第一次胜诉,这个死变态就在他那见鬼的网页上夸夸其谈,趁火打劫,想拉更多的客户。

好吧,就再说一遍:克拉克在卡特里娜飓风来袭三个星期前就将她在那边的房子卖掉了。之后她和一个男人住在一起,最后他们去了拉斯维加斯。虽然卡特里娜飓风经过时,她也在那边,她那位绅士的房子只损坏了一点点,因为这样她下个月暂时搬到休斯敦去,她父母在那边。但请大家记住,克拉克曾独自住在一个有门卫把守,有良好娱乐设施的小区里。后来当她回到路易斯安那州结婚的时候,她曾公开表示她已经搬回到她现任老公的住处,那里已经修缮完毕,一切恢复正常。所有这些都是克拉克立誓陈述的,而不是网上说的联邦紧急事务处理局

的临时安置处。知道吗,伯尼?

伯尼随之又用了一整页的空间来转载我私自写给网络创建者投诉部门的电子邮件(很久后写的),上面有我收到恐吓后交给警察局的申请报告,里面有大卫的全名和电话号码。在第二页,伯尼写道:

> "不满足于把孩子送去受虐待从而获取金钱,不满足于拼命整好自己的形象,她还要写这样的邮件来撒谎。让我们看看她期待的是什么? 哦,她几年前就威胁说要把我告上法庭,你去告吧,贱人!"

在那一页的最后,我写道:"不要仅仅因为你不喜欢一个人,或一个人的所作所为,你就有理由随意地在网上发表这些虚假的言论。"

我是这样写的,而且我也深信这样是对的。

说到文字,我还收到了极其恐怖让人毛骨悚然的匿名电话,电话里的声音和YouTube 视频网站上一个视频的声音是一样的。视频里差不多包括了我在网上看到的关于我的这些评论,只不过,我在里面还被恭维为"一坨屎",还扬言要"打败苏"。

亚历克斯在这些事情里面有什么样的作用呢? 这很难说,如果亚历克斯在这当中没起什么作用,我会非常惊讶的。即使不大,亚历克斯肯定也应该为其中大多数帖子负责。比如说,亚历克斯在某个网站上发表了很多类似的帖子(猜猜是哪个网站吧),他就是这个网站的管理员(现在我讲的是级别)。在所有这些"关于我"的网页上,都贴着我和我女儿的同一张照片,只是没被改动,真是太感谢了。在照片上面,亚历克斯写道:"苏,你去死吧……我真希望你十分痛苦地死去,最好是得癌症。"

在上面那张照片正面,还有一张照片,标题是:"亚历克斯梦想成真时的苏·雪夫"。这张照片是个躺在医院里的年轻女孩,她抱着一只小狗,头发都没了,但即使是受到癌症的蹂躏,她还是在微笑。再往下翻一点,有文字写道:

> "我听说亚历克斯现在还和父母住在一起,正在接受心理治疗。因为心理上的问题还没有正式工作。如果他/她母亲知道他/她想要别人去死,会怎么想呢?
>
> 这个迷失的精神病患者会不会真的去实施他/她的恐吓呢?"

这个帖子最后以另一张照片华丽地结尾,上面有一个人手持刀,做出要攻击的样子,有点像阿尔弗雷德·希区柯克在他导演的《惊魂记》里面十分著名的浴室场景。

这则不寻常的概略描述发布在 Smith 公司所属的网站上,亚历克斯也是这里的管理员,这则概略里还有个很有趣的事情,在标题"经历"下面,亚历克斯列了一行"个人网页/博客主人",乍一看,还以为是我建立的网址,但点击后进入的是亚历克斯的网页,这网页是用来完成克拉克独自一人完成不了的事情:用诽谤毁了我,这也是我起诉她的原因。只是现在看起来像是亚历克斯在谈论我、攻击我,以前可不是这样的。在网站刚建立的时候,是以克拉克和亚历克斯两个人的名义建立的。后来大卫给克拉克聘请的律师发去一封警告信过后,她的名字就突然消失了,只留下了亚历克斯的名字在上面。

但这并没有阻止克拉克扩大她的活动范围,她又建立了一个全新的网页,为了达到同样的目的。有点像 Certs(美国最早全国范围销售的呼吸薄荷品牌)的广告词:两片!两片!两片薄荷合二为一!或者说像以前"绿箭"口香糖的广告词:双倍的快乐!双倍的满足!

有趣的是,当所有这些在网上发布的时候,各种媒体,包括福克斯新闻频道(Fox News)、《20/20》、美国广播公司(ABC)新闻频道、英国广播公司(BBC)、美国国家公共公司(NPR)和其他媒体,却请我去谈论网络诽谤,向大家详尽地分享我的故事。我的事情曝光得越多,这些恐吓就越狠毒。有意思的是,当克拉克上诉失败,法官不予理会时,事情更加恐怖。从 Smith 网站上贴出了致命的一击:

> 反对苏·雪夫的游客:"苏·雪夫是恶魔。她是魔鬼,你,苏……你,苏·雪夫——你会慢慢得到报应,你会慢慢地死去,你会被疾病折磨至死。你是恶魔,苏·雪夫……"

很显然,恐怖不断升级,和现在比较,我在终审前所受的折腾简直不能相提并论。虽然和之前的恐吓一样恶毒,都是谎话,但是之前都没有这样大段地表达希望我去死,也没有人会谎称是我,给出我的社会保险单编号,说"我"要搬离这里,把我南贝乐(美国最大的通信提供方之一)的电话线路取消。相信我,如果你受到这些恐吓,你的电话被切断,真是一件很恐怖的事情。

我向大卫求助。我提交了报案证明,我希望国民交纳的税能给像我这样天天担心自己生命安全的人提供保护。

最后,我打电话给美国联邦调查局。他们介入调查,但他们需要有更直接的恐吓证据,你相信他们会为了保护一个为他们提供薪水来源的纳税人,去跟踪这些心理有病的家伙吗?为什么要呢?在当下,在阐述关于互联网的法律文件里,还没有什么违法的事情。就像约翰从法律的角度表明的一样,我们的现行法律有很多不当,当涉及在线诽谤和跟踪方面,它保护的不是受害者而是罪犯。

当所有这些方法都无效时,我的"恐怖因素"(美国一部真人秀节目)越积越多,我四处寻求帮助。哪里?还能是哪里?

群鲨环绕

坑人网站

苏正受到网上针对她和她公司的猛烈攻击,这也正常,现在网上攻击是那些被剥夺掉各种权利的人们最常用的消遣方式。看到这些,可别误会我。当人们对某个公司或个人有不满的时候都应该说出来,关于这一点,没人会有意见。言论自由的权利在我们的历史以及在我们《宪法》的"第一修正案"中是明确被保护的,就像苹果派一样是我们美国特色之一。

如果有人想给你的公司冠上一个不好的名声,比如"很烂""狗屎",并给搜索引擎献上一个不错的标题,那么这个网址就会出现在谷歌搜索的结果里,这个标题就会成为头版头条。当一个想了解信息的客户、雇员或供应商看到这个惊人的标题,便会点击这个链接,然后便会看到网页里面的内容。如果这些内容都是真实的或仅仅是个人意见,这通常都是合法的,不过我一会儿也会讲到当前隐私保护法也可能认定在网上暴露他人真实信息是违法的。

在互联网刚出现不久时,网上的这类信息通常是针对一个客观的事实发泄自己的不满,或者只是发表个人的意见。如果你觉得我们的总统很逊,你可以在网上这样说出来;如果你觉得你当地的牙医很逊,你也可以这样说出来;如果你觉得你兄长公司的老板很逊,你也可以在网上这样表态。但是,基于一些法律和操作上的原因,我不会建议你这样做。因为那些被你说的对象,那些觉得被冒犯了的人们可能因此而起诉你,也或者那些不同意你观点的人会转而攻击你。也许你的言论是为了保护我们言论自由的权利,但你也时常记得,那些极端拥护言论自由的人,也就是所谓的言论自由膨胀论者,如果他们不同意你的观点,会马上攻击你的言论和你发表言论的权利,这真是讽刺中的讽刺!但是这种观点在网络世界有很强生命力。对于那些合法的网站,我把它们叫做"抱怨型网站",它们是我们这些自由的人们发表我们心声的工具。法庭很长时间以来都在努力保护这样的网站和它们的创建者。

很多维护公众利益的组织机构这些年来在保护公民权利上发挥了很大的作用,而在这个世纪之交,保护公众提出非议的权利也成为一项重要的目标。保护我们言论自由的权利,保证我们对政府和商业信息的知悉权利和透明度,保证有一个健康的"言论交流市场",所有这些都是很有意义的事业。这些维护公众利益的组织机构,成为刚开始的一些"发牢骚"网站的法律顾问,如果遭到这些被攻击企业的起诉,一般来说也能够胜诉。这些组织被网民认为是互联网的爱人,是民众的保护者。而这些组织也利用人们的关注和名声来赚钱,以更好地去战斗,把对于这些"发牢骚"网站的保护行为当成他们的摇钱树、印钞机。现在还没有很多人知道这个事实,为了停止在网上传播负面信息,被攻击者要支付多少给这些组织机构。不管这些传播的信息是真还是假,它们都会危害到那些遭到攻击的企业。

企业于是开始花一大笔钱买网络域名或者雇网站持有者作为顾问,以消除网上这些关于他们企业的消极评价。整个过程便演变成了赤裸裸的敲诈勒索,所谓的合法抱怨已经变成半真半假和指桑骂槐,而这些最终演变成了彻彻底底的谎言。当世界各地的更为恶毒的人发现攻击企业所带来的利益之后,他们开始密切关注着网络。网络世界的鲨鱼们开始关注着,并跃跃欲试,希望能加入这一行列,因为他们发现网上赚钱很容易,只要买个域名,建立一个"发牢骚"网站,就会有免费的律师,就会有钱来。而这些虚拟世界的鲨鱼发现,对一个企业或行业造成的伤害越大,得到的钱就会越多。于是他们开始建立网站,网站上全是谎话,这些网站只是一些商业网站的幌子,里面有赚钱的广告,有专业人士操作,以保证有人用谷歌搜索的时候,他们的网站能占据搜索结果的第一条。我把这类网站叫

做"坑人网站",而且它们的确都是骗人的。

也许对于很多在线访问者,他们在网站上发表的的确是一些合法的抱怨,他们只是创立者的摇钱树和制钞机而已。这些网站的创立者创立网站不是为了维护原则,而是为了满足贪欲,他们一点也不关心客户的合法抱怨,不关心事实,也不关心这样对企业是否公平,他们关心的是美国宪法的第一修正案(里面内容是关于言论自由和出版自由等权利保障),还有如何能够将他们的不合法管理方式隐藏起来。

当这群鲨鱼围攻一个目标时,这些维护公众利益的组织只会乘坐一艘游船,围观这场表演。当这群鲨鱼开始发起第一波疯狂攻击的时候,这些组织就会介入这场争斗,不过大多数这些支持自由言论的游客们会靠在游船的椅子上,喝着饮料,沐浴在阳光下,专心致志地看着他们一些老兄在船舷外投放一桶桶的诱饵。他们必须保证有足够多的鲨鱼在水中。当然数量也不能太多。只要有收获,那样维护公众利益、维护言论自由和维护客户权益的人们就会做好保卫工作。大家都知道,诱饵可是很贵的。

如今,维护客户权益的组织在保护鲨鱼这件事上是异常积极,不管是锤头鲨,还是大白鲨,他们都保护,为鲨鱼们导航,提供支持、保护和免费的律师。差点忘记说了,我敢肯定,让他们意外的是,他们保护的这些鲨鱼正在威胁到他们一直在努力保护的人们自由言论这一合法权利。这全是贪婪惹的祸,也是让人感到悲哀的。

就像法庭的最初意图是值得称赞的一样,最初建立"发牢骚"网站的初衷也是好的,但现在局面在慢慢改变。由于恶意网站的大量出现,没有哪个合法的"发牢骚"网站能够抵挡得住人们的怀疑。人们会怀疑他们的动机,这种怀疑会越来越普遍,为自己的辩白也会大打折扣,由衷给予的建议也会被人们的有色眼镜曲解,最后真相还是不能大白。当所有这些发生的时候,我们的言论自由一方面会受到削弱,而另一方面最终也会以一种更有建设性的方式得到加强。

但是,在那之前,这些网站会成为被人利用的危险工具,用来诋毁一个企业或摧毁名誉。要想解决问题,就得给他们一笔钱。如果你的公司正遭到攻击,你也可以把这个当做一种解决问题的方式。很多我们受理的公司都做出这样一个艰难的决定:付钱给那些勒索者来解决问题。还有一个办法就是用"搜索引擎优化(SEO)"技术把这种定为危险结果,从而把它们从谷歌搜索结果中清除。第三种方法就是"自救"——向虚拟主机、域名登记处和谷歌之类的地方投诉。另外还有一个选择,就是正式起诉这个法律途径。所有这些方法都可能会有危险,花时间,或者花钱,也许这三种困扰都有。正因为这样,鲨鱼才会在那儿。如果有什么经济有效的解决方法,这些鲨鱼和他们的律师也许就会去寻找另外的猎物了。

睡衣和牙刷

网络攻击

"**我**收到网上恐吓信息了。"这是我经常从咨询客户那里听到的一句话。我敢肯定苏在她那场艰难诉讼过程中经常体验到这种感受,而在法庭判决过后,这种恐吓更是升级到死亡恐吓。这样说可能用词不当,因为网上恐吓经常牵涉到青少年。苏经历的是"网络攻击"。苏所受到的网络跟踪行为让一些相关机构也关注,但为什么这些罪犯就没有一个受到法律制裁。

在这里,我不想对骚扰的起诉程序做什么深刻的法律分析。事实上,我们美国有很多州都有和骚扰相关的立法文件,不过大都有民事条例附加在里面,这就意味着法官可以发出民事救济指令(比如说法院临时制止令)和禁止令让跟踪者不得再和受害者接触。但是目前还没有一条关于跟踪骚扰的联邦法律。这就是说起诉人只能在某个特定州的范围内来起诉这些骚扰他人者,而如果这些加害者逃离该州,那么起诉人一般来说也不会再继续追查此事。当骚扰者威胁说要造成身体上的伤害,而且也有可能立即执行这些威胁的时候,联邦法律会保护被骚扰人。但如果是网络骚扰的话,联邦调查局的人不会利用他们的资源大老远地跑去追查一个网上混蛋,因为骚扰者在现实中实施身体伤害的可能性很小。而地方警察经常声称骚扰法针对的是可能会发生的真实身体伤害,但很多情况下,法律已经修改了,而这只是他们不愿介入的理由。不过坦白说,我们都能理解,如果你在管理一个警察局,晚上在追查杀人犯、强奸犯、抢劫犯,白天又要担心国家安全,事情的处理肯定会有轻重缓急之分。但是这个优先排行的确需要改改。

那么你能做什么呢?也许你认为这是侵犯个人隐私,也许你不这样认为,但是在法律系统现在这样的混乱局面下,我要发表一点我的个人看法。众所周知,加利福尼

亚有一个刑法系统,还有一个叫做"骚扰性民事侵权行为"。也就是说,在加利福尼亚,受害者可以因强制令、赔偿金或造成的伤害而起诉。不过遗憾的是,在加利福尼亚,起诉民事侵权行为要求骚扰者实施那些困扰原告的威胁,原告因为这些担心自己的人身安全。而刑事法律只需要一人导致另一精神正常的人产生受惊、恐惧或困扰,便可生效。在我看来,刑事法律效力最强,而且人们也不太愿意花时间和金钱去起诉。而民事法能够允许受害者做的事情少之又少,效力也不强。这是要改变的。

国会应该通过一项关于民事骚扰的法律,让人们可以在联邦法院进行诉讼。各州的法律也应该废除需要对受害人造成了身体威胁,受害者才能对骚扰者进行起诉这个要求。可挽回的损失赔偿应包括赔偿损失、处罚损失、三方损失和律师费用,而人们获得广泛起诉权的程序也应该简化。

我曾经亲自见识过跟踪骚扰这样的案子,其间的疯狂和理性丧失让我记忆深刻,真是很难理解有人会如此执著,完全不顾一切,莽撞行事。那是28年前我进法律界接的第一个案件,我为一个整日跟踪恐吓前女友的年轻人辩护。法官一直没有判决,一拖再拖,拖了6个月时间,并命令这个年轻人不得接近他的前女友。在听证会结束后,我申述完毕回到办公室的时候,听电话给我的留言,里面有条是法院书记官发的。这个年轻人在走出法庭的时候,决定去和他的前女友闲谈。书记官通知我说,他已经被关起来了,法官很生气。

第二天上午,当我走进法官席的时候,法官除了在问我的辩护人有没有把睡衣和牙刷带在身边时,他的眼神没离开过他的文本材料。我不解地问他:"为什么带这些?"他回答说:"因为他要被送进监狱。"几个月后,我的辩护人服满了刑期,我发现我又站在同一个法官面前,面对同一个客户。他听了我的建议,把他的睡衣和牙刷都带去了。我们走向法庭中间的长廊,这次法官抬头看到的是我的辩护人穿着睡衣,拿着牙刷,笑着冲着他点头。这样的事对于网络威胁者是更简便的吧。

你有没有发现,州和联邦政府都有很多正规的商业法规,处理版权、商标、商业机密和商业欺骗等行为,这类法规执行简便,处罚严厉。但关于网络威胁,完全是另一种态度,这类法规也是需要通过的。没有严密的相关法规,地方警察局不会将网络威胁案件当做刑事诉讼案的性质优先处理,联邦调查局的人也不会花时间来处理这一堆的"个人问题"。我们需要有法律来保证人们能够比较便捷地起诉这些骚扰者,让他们闭嘴。当执法人员来调查时,新的法规很严密,使那些骚扰者的保护伞也不能逃避惩罚, 这对于处理有其他人帮助洗脱罪名的骚扰者案件是很重要的。从这一点看,苏是这种事件的受害者。这是一个阴谋。读过苏的事件,你就会了解骚扰者是如何策划他们的阴谋的。

是市民记者吗?

在线法律咨询

苏 总是受到那些自封的"市民记者"的攻击。但是真正的记者都恨死他们了,真是恨死他们了,可是他们很喜欢自己!市民新闻报道指的是普通大众发表的新闻和评论,报道来源有博客主人、社会网站参与者、网站所有人和任何在线就一个主题发表他们意见的网民,他们每个人都是市民记者。很多网民都不喜欢这种称呼,认为这是那些主张每个人都同样重要,都同样是权威的人们标榜自己很重要、有威信的一种称呼,这无异于往自己脸上贴金,唱着民主化论调。他们这样做无非是为了从现实社会记者那里盗取他们所享受的保护法规和其他法律给予的权利,希望能骑在那些传统媒介的头顶上,这些传统媒介都曾为了保护人们的言论自由这一合法权益而努力过。也有好些人喜欢这个自造的称呼,因为这样没有传媒业的证书他们也能够更容易接近那些球队。

什么时候我们会有"市民律师"、"市民医生"和"市民核工程师"呢?这样下去这些都是很自然的事情。把从那些合法记者们几个世纪以来努力维护的权利盗窃来,赤裸裸地摧毁掉。仰仗着这些窃取的权利、这种标志着荣耀和勇气的徽章,这些市民记者相信他们所发表的每个字都是受到言论自由这一权利的保障,他们有义务查他们感兴趣的任何一件事情,直到一切真相大白。但是问题是他们根本就不知道什么是言论自由,什么是真相。但他们的确发表了他们的心声,而他们发表的文字(如果没有其他的)也的确有人关注,这就足够了,他们在网上发言的目的就是这个。他们发表的声明越愤慨,蜂拥前来阅读的人就会越多,这就是市民记者们在网上生活最主要的目标。攻击苏的那些人真的认为他们在做公益事业,让人们警惕苏吗?这倒真是像那些为达目的不择手段的家伙的心理,不过

在网上攻击他人的这些人的真实动机是很难确定的。也许他们的目的只是要完全摧毁他们所攻击的对象。他们中有些人经常这样做,他们只是攻击完一个再攻击另外一个,而有时候攻击会在不同的网站上同时进行。

罗纳德·赖利,有一个"坑人网站",曾联合其他地方的好几个类似的网站来攻击我们公司,有一次因为攻击他女儿在读的公立学校的老师和女童子军队长而被起诉。他就是典型的"市民记者",毋庸置疑,他和一些维护客户权利的律师有很深的交情,和有些人认识八年之久。网上很多人有这样一种观点,如果网上有什么值钱的东西,他们可以免费拿,因此各种信息也必须无条件公开。对于这种观点,世界各地都有人这样认为。但是,不是所有的信息都能拿出来公之于众的。

电影、音乐、诗歌、书籍,还有很多其他的创造性的成果都不会免费发布。这是为了鼓励这种创造性活动,我们必须对拥有者提供法律上的保护。这个法律原则就是版权。正是因为有这些有关侵犯版权的相关法律,消费者才能欣赏到这些成果。没有这些法律保护,没人会去进行这些创造性活动。

像 Exxon、可口可乐、微软这样的企业名称也不允许免费使用。因此保护商标的法律条款不仅保护了企业的名称,还保护了产品名称,保证了服务。没有这些法律保护,人们便不能区分某一产品是优质产品、劣质产品还是不安全产品。

自由言论不是绝对的自由。向别人暴露一些私人信息,哪怕是大家已经知道的,也可能违反隐私保护法。传播虚假信息则更是会受到关于诽谤的法律条款的制裁。如果消费者被虚假信息误导,便不能基于事实做出明智的决策。

如果你仔细想想的话,就会明白,法律保护的是市民消费者的权益。如果每个人都能免费看到电影,每个人都可以随便使用任何企业名称做他生产的产品名称,每个人都可以随意评价另一个人,那我们的社会就不会有这些创造性的成果,人们就不能根据真实情况做出判断。如果这样,社会将到处都是谎言和欺骗。我们的自由将面临危险。

我个人认为,现在在我们的网络社会里,自由可以说正在被不法分子窃取。

出现这种问题,大部分是因为人们不够重视。网上言论也受法律管辖。但是,现在你在网上找不到任何行为准则,至少没有谁特别重视或实施网上监督职责。在网上,你随便搜搜哪个法律问题,你看到的就是"市民记者"给予的法律建议。

他们的建议不是基于法律知识,而是基于其他不可告人的目的。他们给予的建议是很可笑的,如果不是因为在这些受欢迎的网站上有一些狂热支持者,这些建议只能算是娱乐搞笑。下面是一些摘来的网上"建议":

● 只要在攻击一个企业或网站前,写上"我个人认为",这样就不会被起诉。

● 如果你能买下竞争对手的域名,就让它闲置在那,这样是合法的。

● "合法使用"让我能将别人的录像、照片或企业名称用于商业用途。

以上这些建议来自一个没有受过任何法律培训的"市民记者",从他在其他地方的言论看来会觉得他这个人还是可信的。事实上,人们相信他说的这些东西,大家将这个建议转载到这转载到那,似乎就成了非律师网民们的法律。

网民们其实不太了解法律,他们只是从这些自封的"市民记者"那里了解到这些,这些"记者"很多都是吹捧消费者权益的极端分子,或者言论自由论的鼓吹者,或者是反对某公司的宣传者。下面是给"市民记者"的一些建议,希望能为你们的在线行为提供一个比较公正的合法行为准则。

史翠珊效应和网络许德拉

阴谋和黑客攻击

苏还没提及由于法庭宣判而出现的网络攻击,但各个地方的人们都争先来看热闹。喜欢看热闹也不是什么新鲜事。发生交通事故了,我们谁不会停下来跑过去瞥一眼?但是在网络上,事情要严重很多……拿苏来说,很多什么也不知道就跑过来看看的人,会极尽贬抑之词,对审判结果和苏横加指责。

史翠珊效应是指网络上攻击人的过程和造成的影响。可是网上或博客上一

篇小文章怎么就会演变成一起如此观点一致、势不可当的极具破坏性的攻击呢？一方面是事件发生时的势头，另一方面是网上一群藐视法律者维护他们的共同利益，让所有人知道他们才是网络世界的老大，在网络社会，他们说了算，他们就像是游离在网络深处的希腊神话中的九头蛇许德拉（一种头被砍下后会再长出两个头的蛇妖）。网上的暴徒经常同进退，他们利用各种网站来讨论、制订和实施各种计划，用我已经讨论过的武器来鼓吹他们的立场。他们就像蛇妖许德拉一样，有很多头，每颗头都能喷射致命的毒液。

当许德拉用她的九颗头同时喷射毒液攻击对手时，藐视法律者的队伍也越来越庞大，骚扰者、黑客、垃圾邮件发送者、骗子、敲诈勒索者和版权商标盗窃者，全都从四面八方涌来，喷射他们的毒液，投掷谷歌炸弹。就算是能喷火的龙面对这样一群九头蛇，也是一点胜算也没有。诽谤多是靠言语来攻击对方，而我也带上我的许德拉前去迎战。很多人认为史翠珊效应的发生和结果都是依靠言语进行的智力比拼，事实上，真正的史翠珊效应用来攻击受害者远远不是光靠语言就可以的。

我记忆最深刻的许德拉攻击事件（攻击原因有很多）是攻击我们公司那一次。

经过了在加利福尼亚圣何塞市漫长的一天，我回到了宾馆的房间，我叫了客房服务，拿出手提电脑，登录了我们公司的远程服务器，目瞪口呆地看着一封封充满污言秽语的电子邮件。当我打开那天不断涌入的谷歌提醒的时候，网上到处在评论我们公司拥有 HTML(一种用来支持网页运作的计算机语言)这一传言。当我开始删除这些匿名信件的时候，我想起来查看我在办公室的语音信箱，里面好多留言，里面留言的人都很有意思，要求我给他们回个电话，讨论一下互联网的所有权问题。虽然我乐意承认我们的努力为使网上虚拟社会更为成熟作出了贡献，但互联网不是我们发明的，而且我们和 HTML 原始代码也扯不上关系。那天我在硅谷躺下睡觉的时候，就在想第二天我在东海岸的办公室会是怎样一种情形。

我把闹铃定为早上 4:30，谢天谢地，我当时生物钟是东海岸时间系统。接待员告诉我有很多陌生人不断打电话过来找办公室里的其他人。我们主机上蹦出邮件询问网站客流量突然剧增的相关事宜，我没一会儿就见识了什么是访客太多以至于系统瘫痪，在我们的技术维护人员在分配更多容量的同时，数以千计的、来自世界不同地方的人们蜂拥而至，来访人数在我们眼前不断增长。即使我们把链接量提高了，我们的网站还是爆满。

前面也提起过，我们后来才发现是黑客贴了一个布兰妮·斯皮尔斯的录像，也在差不多相同的时间，黑客在我们网站的管理员区域贴了一则儿童色情文字来炫耀他发动的攻击。庆幸的是，我们律师事务所内部的系统保护措施严密，而且也没有和公众网页联在一起，因此没有受到损害。但谷歌轰炸开始了，一群博客主人开始攻击我们的网站，把他们的网站和我们律师事务所的名称链接在一起，当人们搜索我们事务所名称的时候，谷歌搜索结果里会有关于我们公司的负面信息，网络许德拉开始演变成史翠珊效应。

他们运用谷歌轰炸技巧十分娴熟，当人们用谷歌搜索我们事务所时，搜索结果的前一两页都是对我们的批评。博客主人们开始保留得分，每周统计一下这类诋毁网址在搜索结果的比例，就像大学足球民意调查一样，他们品味着破坏我们名誉的快感，不断地用谷歌轰炸攻击我们。

我们已经讨论了谷歌轰炸、史翠珊效应和网络虚拟许德拉，注意要实施这类骚扰，要求这群参与的人统一意见。今天还很少有人了解和意识到这些违法行为意味着什么，这些行为常常和诽谤、黑客攻击、青少年色情、商标侵犯行为、版权侵犯行为、敲诈勒索和腐败组织勾搭在一起。这些暴行的煽动者、组织者和提供建议者，他们被问起时会说他们完全不知道这回事，也许你们可以侥幸逃脱。但如果被逮住了，你一生的命运可能就此改变。像被罚1千万的罚款这样坏的声名会广为人知，想得到一份好的工作如果不算是噩梦，那至少也是白日梦。总有一天，这些攻击别人的不法分子会穷途末路，只会感到畏惧，向人们请求原谅和调和。但网络会保留这一切，保留很久。

真是笔不错的遗产。

这也正是苏为什么现在努力和新一轮的攻击搏斗。更多网站不久会开始攻击她，有些是意料得到的，有些是根本意想不到的，但发布的所有信息都会很危险。但问题依然还在：这次是从互联网内部发起的攻击，苏该何去何从呢？

在线争论时如何获胜

因为法律途径帮不了我，我也不可能向托尼·瑟普拉诺(美国电视剧的主人公,善于和犯罪集团作斗争)寻求对付网上针对我的那些骚扰和威胁的方法,这时,一个我永远都不会忘记的朋友给我推荐了一家公司,这家公司专门为这些受到网络攻击的受害者或受害企业提供自卫建议。

在过去几年里,出现了很多类似的服务型公司。我知道它们当中有很多都很不错,也许约翰能给大家介绍它们的相关情况。但我一直联系的是一家叫"声誉卫士"的事务所,创立者是迈克尔·佛蒂克,我要向你们介绍一下迈克尔和他创建的这家事务所,因为是他们在我不知所措的时候,将我从恐惧和绝望的深渊拯救出来。毫无疑问,我对他们的评价肯定会带有我个人的感情倾向,谁像我一样经历过这么多艰难和折磨过后不会这样呢?

首先,介绍一下迈克尔。他毕业于哈佛大学法律系,毕业后他没有去当律师,他决定尝试利用互联网创业, 当时他想的是在他尝试过他热衷的网络世界不公平现象后他再重回法律圈。他所关心的不公平现象是基于他个人的观察,因为他发现,由于网上发布信息没有任何限制措施,一些带有偏见的信息,甚至是虚假信息在互联网上都被当成是事实,个人的隐私在网络世界受到了侵害,常常给无辜的民众造成毁灭性的后果。

因此,他于 2006 年春季,找了几个像他一样智力超群的奇才创立了声誉卫士事务所,短短几年之后,他有超过 50 名员工,去世界各地拜见客户。我想迈克尔重回法律界这个计划肯定会推后。

不管怎样,2006 年 12 月,我第一次通过电子邮件联系了声誉卫士律师事务所,我充满期待,但也不敢期望过高。

在邮件发送后的 24 小时内,我收到了事务所总经理亲自打来的电话,迈克尔打来电话说"你好",用他缜密的逻辑推理能力和深切的同情心让我慢慢平静了下来。他的同情和理解是那时的我急切渴望的,我知道那种理解让我从心灵深处由衷地感激。在网上,有很多克拉克,很多史密斯,很多亚历克斯,很多伯尼,为了保护我这样一个外人,他面临着遭到那些受挫的恶棍们报复的危险,就像穿上了一件特大号的橘红色毛衣,背面就画着个箭靶。

就像迈克尔答应过我的一样,在第一次通电话后,迈克尔便开始调查我的案子,在确认这些骚扰诽谤的确存在之后,迈克尔和他事务所的调查小组便立即充满闯劲地搜寻这些对我充满怨恨、发布恶意信息的网站和博客。由于这些诽谤者控制了关于"苏"和"PURE"的搜索结果的前几页,他们的确成功地破坏了我的名誉。但是在迈克尔来帮我的几个月后,那些网站上再也没有诋毁我的文章。就像时光倒转,回到了我只操心我的公司、别人忙别人的事业,我名誉未被玷污的时候。现在我们有时间倒转那些不会改变的证据,和我名字相联的正面评价比负面评价明显要多,就像《绿野仙踪》中多萝西回到了堪萨斯州,而奥兹国也曾存在过,只是多萝西再不是从前的她了。

我的过去并没有改变,迈克尔的专业知识使我在内部局域网和互联网上的形象都有极大的改善,这让我情绪好了很多……而且晚上也能睡个好觉了。他想办法让那些对我发表邪恶评论的网站在谷歌搜索结果中不再出现在前面,而使那些载有关于我的公正评价的网站能够出现在前面。以至于有时候我都好像忘记了,网上有一群人巴不得我快点死掉。事实上,我的自信心由此也增强了,我变得勇敢了!当我被人问及我的案件时,我想把功劳归于那些应得之人。如果说大卫·波拉克是拯救我于法庭的英雄,那迈克尔就是判决过后救我于水深火热之中的英雄了,如果有机会让我在接受采访时将这些说出来,我会很感激。的确有记者来采访我,有些记者来自很远地方的期刊,一年之前,我从不会想到我会出现在这些期刊上,像《福布斯》、《华尔街日报》、《华盛顿邮报》,甚至还有《半岛报》(卡塔尔最大的英语日报)。实际上,我都不知道卡塔尔在地图上什么地方,我在谷歌上搜了一下,才知道它是波斯湾的一座半岛,南部与阿拉伯联合酋长国接壤。嗯,是的,直到现在,我还是很惊讶,在搜索引擎里打入几个字,就可以知道这么多信息。

我最喜欢的是 2007 年 5 月 6 日(星期日)发表在《旧金山新闻》里面的一篇文章。我之所以喜欢这篇文章,是因为它指出网络诽谤已经到了失控的程度,我

只是其中一个例子而已。文章有好长一段文字在讨论耶鲁大学的一群法律专业的女学生,有一些人在一个人气很旺的法学院留言板上攻击她们。很讽刺的是,在我写这些的时候,约翰给我转发过来刚刚发表在康德纳斯网上的一篇文章,题目是"在线诽谤",讲的就是这些女学生中的两个遭到了恐怖的谷歌轰炸,现在她们正向法庭正式起诉这些"匿名"怪物们。这个实例也表明迈克尔调查这些发布恶毒信息网站的意义和他可能作的贡献。

我很喜欢迈克尔写的文章标题:"互联网是一台巨大的文身机器,让我们反复体验我们由于一时决断错误而出现的失误。"

很不幸的是,没过多久现实就证明迈克尔的判断是如何正确,如何地具有先见之明。当这篇文章发表并传到了网络上之后,我的敌人联合起来加大了对我的攻击诽谤,想要与声誉卫士律师事务所为我做的努力抗衡。他们甚至开始毫无理由地开始攻击我的一个好友,连累到朋友,这让我很内疚。我的消极情绪又开始渐长,我决定要做些事情,凭借我新树立起来的信心,我自己上网去面对那些在线复仇者,给史密斯网站所在的主机供应商的"垃圾信息和诽谤部"发去一封投诉信。

我在信中指出史密斯的网页违背了他们的"服务条款"和"行为准则",并提出了相关证据(毋庸置疑,这些证据是不难找的),希望他们能清除史密斯的网页。而该垃圾信息和诽谤都将我这封要求清除他们网页的信件转发给史密斯,要求求证。在那封信上,我犯了一个严重的错误,我在里面泄露了我将出现《20/20》中做一期关于互联网诽谤的节目。

史密斯和他的那群狐朋狗友们看到这个消息后,你知不知道美国广播公司收到了不计其数的电子邮件和电话,都是反对我去参加这期节目?而且,由于我跟外界说起迈克尔和他的公司对我伸出援助,亚历克斯于是知道我想怎么赢他们,他便对我又发起猛烈攻击,试图在谷歌上将对我的仇恨推上一个新级别。

事情进展就像是多米诺骨牌效应,一件小事致使一个很大的改变,而且速度很快。《20/20》那期节目依照安排是 2007 年 8 月 14 日播出,在 8 月 7 日,正好节目档期一周前,亚历克斯和克拉克创建了我前面提到的那个网站,就是那个看上去像是我创建的网站,但实际上把访问者带到我的网上地狱(可能亚历克斯现在正在抛五彩纸屑欢呼庆祝吧)。到了 14 号上午,不仅史密斯的网站上充斥着诽谤、恐吓我以及希望我去死之类的帖子，亚历克斯不知怎的也使得他/她和克拉克的网站上升到谷歌搜索结果的第一页。面对这些我心烦意乱，就像又要再一次回到那种噩梦般的经历一样，感到要崩溃了，就给迈克尔发了一封电子邮件。而他像往常一样，很快便给我回信了：

发信人：迈克尔·佛迪克

收信人：苏

抄送人：××

苏，你是一位很有勇气的女士，只要你站出来大声讲出你的经历，你就可以给成千上万个和你遭受同样折磨的人带来信心。我们一直都会在你身边支持你，我们现在要做的就是坚持下去。我们到现在为止已经击退了他们两次攻击了（你还记得当时在 12 月时情况有多糟糕吧），我们还会再次将他们打败的。就像我们预料的一样，今晚过后，攻击会更猛烈，这又要花费很多时间去改善局面。但我们会帮你做到的。××，我们今天也发表了几篇新闻稿，不是吗？

迈克尔

——原始信息——

发信人：××

收信人：苏

主　题：早上好！

苏，早上好！

今天早上看了一下各种状况，好像我们现在处境还不错。我们压下去了一些负面评价，我今天上午还会利用公共资源发表两篇与你相关的不错的新闻稿。

> 谢谢你在过去几天里所做出的努力；能听到你的声音和想法是很重要的，即使有人看到关于你的负面评价，但他们也明白你在这次战斗中选择了正确的道路。

就像你看到的这样，迈克尔总是想办法让我冷静下来，并鼓励我，同时，他让他的团队利用有利的公共资源来击退网上那些关于我的负面评价。另外，你也可以看到，他那热心温柔的合伙人，认真地尽她所能，准备广泛地发送她写的"两篇与你相关的不错的新闻稿"。她的确做得很出色。但是，因为我头脑中想着平生第一次出现在一个主流媒体的节目，而且之后可能会有很多人去谷歌搜索我的信息，我犯了一个"瞬间错误"，一个决断性的失误，虽然每个人都可能会犯这样的错误，但直到现在，我仍然对此耿耿于怀。

直到这两篇新闻稿发表后，我才认真看了看内容。其中有一篇稿子中有一些信息不正确，说我创建的公司是非营利性质的，所有服务都是免费的。是的，我的公司对于寻求帮助的那些家庭来说，是不收费的，但是接受我们推荐学生的那些教育机构则需要花钱，有些要向我们交适当的费用，当然不是所有的学校都要给我们钱，要不然的话，我现在肯定开着宾利（Bentley）到处跑，可能自己都能买一辆了。所以，我们是有收入的，但不是史密斯、亚历克斯、克拉克和他们的跟随者们一直大声宣扬的那样。

网络攻击的一个特点就是攻击者会关注你在网上的一举一动，你每敲击一次键盘，你一个微小的把柄、错误都会被抓住。那次没有看那篇新闻稿就是一个错误，我应该在它发表之前拿着放大镜仔仔细细地看一遍，但是我没有。几天后，当我发现这个错误，我马上联系了撰写和发表这篇文章的那个合伙人。虽然是由于我的疏忽造成这样的过失，但她感到十分抱歉，并马上阻止这篇文章散布开去，但是这时候亚历克斯已经觉察到了这个错误。到现在，他/她还用我们这个过失来作为他/她发帖时的文档签名，用亚历克斯式的社评语言写道："作为一个公益性的非营利服务机构，我们说的都是真相和事实——苏·雪夫（他妈的狗屁事实）。"

在我的生活中，我从没见过有人这样执著于别人的错误。不管他的动机是什么，迈克尔可真是和一些恶心得出乎我意料的人论战。你也许听过关于妮可·卡特萨拉斯这个事件吧？她是一个 18 岁的年轻女孩，把父亲的车钥匙偷偷拿来，驾着她父亲的跑车飙车，穿过中线，撞入一个收费站，尸首分离，惨不忍睹。大家都建议家人不要看警察在这个惨剧现场拍的照片，因为他们的女儿在这次车祸中已经面目全非，难以辨认。妮可的父母、兄妹按其他人的建议这样做了，可是有人弄到了警察拍的那些照片，并把它们发到网上。这些照片便像病毒一样蔓延开来，最后妮可那残缺的尸体照出现在 50 个不同国家共 1 600 个网站上。

《20/20》专门用了一期节目来采访妮可的家人和发生这一切之后他们的那些毛骨悚然的经历。妮可的母亲向大家讲述了她登录其中一个网站，恳请他们把这些可怕的照片删除掉，但他们不同意，说这是他们的受宪法保护的权利，是他们言论自由的权利。像约翰之前说的那样，好像世界上就没有保护人们隐私权的相关法律似的。但我们也有保护隐私的权利，这位母亲这样告诉记者。妮可的父亲是一个房地产代理商。在妮可惨死几个星期后，收到了一封邮件，看上去似乎是写给他的业务咨询信函，但打开后问候这位悲恸父亲的文字是："死去的女孩会走动。喔喔……爸爸，我活过来了。"

当这一家人再也承受不了这一切，他们雇用了迈克尔·佛迪克将这些照片清除掉。迈克尔在采访中说，要把这些照片清除掉极其困难，因为照片在互联网上复制转载速度非常快。迈克尔把这比喻成恶性肿瘤，他刚把照片从一个网站上清除掉，又被转载到一个新的网站上去了。约翰指出，这就是史翠珊效应，这群人一点良知也没有，袭击他们选中的一个对象，然后一起攻击这个对象。

从我自己的经验出发，我敢肯定地说，如果有人能够帮助这家人保护他们自己，那么这个人就是迈克尔·佛迪克。这种英勇的行为是要付出代价的。有没有"坑人网站"和博客攻击他呢？当然有。对于这点，迈克尔是这样认为的，"如果你是在前线敌人射程之内的士兵，处在一个易被人攻击的处境，但是你知道吗？这就是在这个行业里必须付出的代价，而这些攻击就是我作战所负的伤，是我的荣誉。我能处理好这些，可以代我的客户挨打，我认为这些客户是不应该承受这一切的。"

迈克尔是他所在的这个行业里做得最好的，至少在我眼中是这样的。但如果我对其他一些人的贡献避而不谈，这样是很不负责任的。网上也有很多虚拟主机供应商、新闻稿服务供应商和一些网站可以说是网络世界的"好人"，他们会做好

监督工作,促使他们的网络使用者遵守他们制定的"服务条款"和"行为准则"。因为包含诽谤和恐吓的内容,他们会删除史密斯和亚历克斯的网站和帖子。但这些值得尊敬的网络管理员,不会再为我做其他什么辩护,其他任何一个人,只要能证明那个用户行为不当,背离了他们注册时接受的行为准则,这些管理员也会为他们做同样的工作,同时希望人们遵守相关条款。

这叫做遵守他们虚拟世界的规则。当然有一些人还是会违反规则或利用这些规则的漏洞,我经常打交道的人中就有这种人。最近,我发现克拉克创建了谷歌 AdWords 广告宣传网页,里面她登了一些广告,赞助商写的是我的名字(现在我把我的名字申请注册了),只要访客点击这些广告,他们就会被链接到克拉克的网站上,而不是链到我的网站上。这时有个大好人出手相助(我不想泄露他的名字),让克拉克的诡计失败,这些广告也就没用了。

亚历克斯还是我的肉中刺,我在积极寻求方法来拆破他在互联网上的这些阴谋诡计。我真切希望当大家看到这些文字的时候,这一切都已经实现,如果还没有,请耐心等待,我一定会让他/她受到应有的惩罚。

虽然我受到网络攻击,但幸运的是,我还有一些道德品行高尚的专业人士在身边支持我。对所有在这个疯狂的互联网上向我伸出过友好援助之手的先生和女士们,在此我表达我衷心的感谢!

最初和持久印象

谷歌 AdWords 广告宣传

苏现在经历的是攻击者滥用付费广告,并以此作为工具攻击他人。幸运的是,她的这种状况很快就处理妥当了,但这可不是经常能做到的。如果你碰到了这种情况,在尝试其他方法之前,你可以先上谷歌,看看网络管理员能不能把这些侵犯人权的广告撤掉。这里我们稍微讲一些和谷歌 AdWords 相关的事项。

如果我告诉你,当人们通过网络搜索你或你公司的信息时,你可以控制什么是最先映入他们眼帘的信息,你会怎么想呢?在讨论了这么多关于利用谷歌搜索结果的第一页来管理名誉这样一场争夺后,我想你可能会觉得意外。但事实就是这样。你可以控制搜索的第一项结果是什么,以保证搜索者能对你有一个好的第一印象。但在我深入探讨这个问题之前,让我们了解一下为什么谷歌会是体现名声的搜索引擎、为什么这样一个小小的金融投资方式值得我们留心。

就像我们已经知道的这样,谷歌是备受人们关注的名誉引擎。如果你用过雅虎,你会发现它的搜索结果和谷歌很不一样。雅虎把经过验证的网站和传统的网络特质作为搜索结果排名的优先考虑因素,它更注重的是已经证实的信息和传统型权力结构,就像大脑的左半球,注重理性。而谷歌的搜索结果,倾向于偏直觉,似乎更仰仗人的第六感和思维惯性,是变化的,自发的,是联合型权力结构,就像大脑的右半球。

很多在线攻击都喜欢把谷歌的行为准则当做权威(也就是说注重自发性、直觉、不确定性和以支持人数的众寡而不是品质作为权威),他们喜欢上谷歌。攻击者知道这些。因为谷歌是最受欢迎的搜索引擎,占据大多数的市场份额,所以它就是统治者。当你比较一下这两种搜索引擎的搜索结果时,你就会发现谷歌明显倾向于用民主的方式来决定什么是专业鉴定,什么是权威。因此,你得关注谷歌,而且谷歌有一个人人可以利用的广告宣传程序,它可能带给你麻烦,也可能带给你好处。

谷歌就是通过将搜索流量变成金钱来生存和发展的,这个过程就叫做"流量货币化"。其中最主要的方式就是通过 AdWords,AdWords 是一种在线广告方式,在网页右边有"赞助广告",有时广告在上面,点击导致的"自然"或"根本"结果就是网络攻击。AdWords 广告宣传在名誉管理和在线攻击中有非常重要的作用。

我刚已经说过,苏给我们讲了她的经历,她的攻击者买下一个 AdWords 广告,当人们搜索苏·雪夫或 PURE 的时候,就会出现这个广告。这种广告是误导人的,让搜索的人点击一个他们认为可以找到苏的广告,但实际上把你带到她的攻击者的网页上去。我想说的是,如果这种事发生在你身上,谷歌可不一定会帮你清除掉这个广告。网络是一个复杂的竞技场,受很多因素影响,比如商标法、合同法、合理利用和言论自由。

AdWords 广告是在线攻击者军火库中的一种强大的武器, 令人高兴的是,它同样也可以成为受害者的武器。谷歌上攻击人的广告威力巨大,如果能出足够多的钱购买一个广告位,不光能保证这个广告出现在适当的位置,甚至可以出现在任何

搜索结果的第一位。虽然什么声称是"赞助广告",很多人都不知道这些是固定广告,即使知道,如果这则广告有个吸引人注意的标题,人们还是会点进去看看。

像"XYZ公司是大骗子"或"XYZ公司的真相"都可能引起人们注意,即使人们没有点击阅读,也有可能影响该公司的名誉或品牌,而且经常把搜索者链接到攻击者的网页上去。还有一种方式,就是攻击者买下一个名为"XYZ公司"的广告,在广告词中给出中立的评价,他们故意将搜索他们攻击对象的人们骗到他们自己的网站上去。最狡猾的广告就是这样,它们看起来像是"XYZ公司"的广告,点击进去后,网页看上去像是他们公司的网页,但其实是诽谤这个公司。我曾经见过这样的网页,假装是它要攻击的对象的网页,里面句子语法错误很多,发表些很荒唐的声明。这样一种做法也给法官出了个难题,不知道这样算不算诽谤。

你能想象这样的信息对于一个谨慎的人会有怎样的影响吧。至少他会感到疑惑。在网络世界,疑惑就会让他们直接去寻找他们考虑到的下一个目标或者去找一个卖相同产品的公司,这样更方便。在网络世界进行在线贸易,让顾客疑惑是致命的。

我上面提到AdWords也可以为受害者服务,当有人搜索你或你的公司时,打出一则广告是有必要的。你可以让人了解你或你的公司,并形成第一印象。不需要点击进入这些广告,就可以从你的广告措辞中为你推广品牌。"XYZ被评为最佳站点"、"XYZ客户满意度最高"和"XYZ赢得公共服务奖"之类的广告词都可以向人们传递出你们公司值得信赖这样的信息,而很自然地怀疑那些负面信息。甚至有公司利用广告来回击那些攻击者。

当获悉一则出现在谷歌搜索结果第一页的恶意攻击广告会对你的公司造成很大的影响,你可以利用AdWords广告来进行防卫。"关于×××(你的攻击者)的真相"这样一个AdWords广告可以从你的立场解释对你发起的攻击。如果使用妥当,就像是拔掉了一根足以致命的刺。最近还出现了更有创意的方法。一家受到攻击的公司买下一则AdWords广告,并把它做成跟攻击者的广告很相似。"XYZ公司的真相"和"XYZ公司是大骗子"这类广告标题就是代表性例子。当好奇的访客点击这些广告,他们看到的对这个公司详尽完整的介绍,让看到的人都知道这才是"真相",XYZ公司不是骗子。网页上的链接可以将访客带到XYZ公司的电子商务网站。

注意这种用来防卫的广告由于可以很方便地提供链接让访客进入你希望他们看到的信息,不光能将搜索的人的注意力转移到你自己的广告上,还可以让他们远离那些谷歌生成的结果。我希望这种技术的下一版本能够给通过这个页面进入 XYZ 电子商务网站的访客提供折扣优惠。你还会注意到,这种方式可以让访客不去注意那些谷歌搜索结果,让访客不需要回到搜索结果中去。但这个很有新意的办法也可能被人说你违反了联邦贸易委员会制定的关于虚假广告的法规。使用这种办法时一定要很小心,别人可能说你在发布虚假广告。

如果我在此不提一下由来已久的"网络广告点击欺诈"现象,那我也太大意了。是的,那些攻击你或你公司的人可以通过点击你的"付费点击竞价广告"(PPC)让你多付广告费用。如果你正在使用 PPC 广告,你就知道你的广告被点击一次,你就得付一定费用。所以,如果有人不喜欢你,便一直在那里点击你的广告,这样会有什么后果?你得付广告费。这种事一直都有。我在一些论坛上看到有人通过煽动访客去点击某公司广告来打击这家公司。不过有个好消息,像谷歌这样的广告商拥有很先进的检测程序来监视这种通过点击广告攻击目标公司的做法, 但是有很多方法可以让人悄悄实行这种点击广告攻击目标公司的做法, 而且不会被人发现。也有一些公司能够检测你的 PPC 广告,识别欺诈性点击,报告给谷歌,帮你把钱拿回来。这种非法"网络广告点击欺诈"行为应该算是一种运用欺骗手段来盗窃他人财物的盗窃案,根据欺诈的金额大小,最严重的可以判点击者重罪。别想用这种方法来回击那些攻击你的人发出的广告。这种非法手段能用来对付你,你却不能用它来对付你的对手,攻击者很可能逍遥于美国司法管辖范围之外,什么也不会失去。

我们总允许来自世界各地的不法分子利用、滥用我们的法律,这是不是很奇怪?想想匿名这种事。谁说那些俄罗斯的黑客、伊朗的垃圾邮件发送者也应该享受我们的言论自由权利、宪法第一修正案和我们的祖先一直实践的匿名传统?所以,如果你发现有人在匿名攻击一则广告,别忘了匿名言论自由是被用来保护这个世界上的每一个人。

关于《通讯规范法》第 230 条

为什么这些网站和虚拟主机不删除这些攻击人的非法内容?如果苏可以向这些网站和虚拟主机的管理员求助,指出这些诽谤的内容,请他们把这些帖子从这些网站上删除。但是,我们知道,这些网站只要不大篇幅地发

布虚假信息,他们就有联邦法律作为后盾。只要想想这些法律所带来的暗示,我们就能看清楚问题所在。

如果你所在地的所有人可以在报纸上发表任何虚假信息,而不会受到法律的制裁,那么会出现怎样的结果?你看到的将全是小报新闻,彻彻底底的大谎话将会是家常便饭,见怪不怪。每天早上你起床后,拿起报纸,会因为你不是这个星期报纸八卦的对象而松口气,然后你可以看看最新的流言蜚语,当然这些看上去好像是真的。这对于那些无辜的人将会是多大的伤害。

也许你会说我们,作为一个社会群体,不会对这样的事视而不见。但我们的确对这些视而不见,这种事情是网络世界的生活方式。除非我们的法律做些修缮,否则我们什么也不能做,要不就是我们法院的影响日益削减。对于这些,我们的地方警察局也爱莫能助。有一个小城镇的治安官在选举周期期间打电话给我,跟我讲了他的事情。

设想一下,如果你一直梦想着开设一个网站,建立一个你和你的朋友们能够讨论今年的花园浏览活动和你家乡的其他当地事物的论坛。有段时间,你给大家提供了一个很棒的在线社区,人们纷纷各抒己见,交流各种信息:如何除掉毒常青藤,哪种肥料用在土豆上最好,如何防止啮齿动物和鹿进入到院子里,等等。当春去夏来之际,人们开始讨论当地的最好的高尔夫球场。可是当劳动节一过完,当地司法长官的连任竞选开始了。而你的这个网站和社区人气很旺,现任治安官的对手们开始在这发帖说,现任治安官保护当地的毒品交易,经常参与当地的赌博交易,鼓励放荡生活。但事实上,他只是每天晚上会去巡逻一下当地的药房,他只是会去全国大学生篮球联赛训练,他担任独立日举行的业余跳水比赛的裁判。还有,他对监狱控制得很严很严。

你想要建立的只是一个人们交流信息的网络社区,可是现在却成为一个战场,让你在杂货店外东张西望,在教堂外极尽挖苦讽刺之能。有些匿名人士说你支持现任治安官,于是开始攻击你,然后你的论坛就成为了人们围绕着这些政治竞选候选人的谩骂平台。

治安官想知道该怎么做好。为什么这些网站的所有者不能把这些谎话直接删掉?我回答说,治安官大人,因为规定她不能删除这些帖子,如果删了,那说明了她是个限制人们发表意见的人,可能会遭人起诉。她只是遵照法律来做,这种观念我想他肯定能理解。我继续向他解释,她也不能擅自编辑这些帖子,要不她会失去法律保障,把自己弄得和报纸发行商似的,这样她会被人起诉的。每一个谎言都可能为她带来没完没了的财务上的后果。

我已经提及了,《通讯规范法》规定,网站所有者不得大规模地编辑修改网民在其网站上发表的文章。如果他们擅自修改了,他们将失去法律提供的保障。因此,这些有能力利用自己的正确决断帮助在网络世界建立规则,助长文明行事的人们却被束缚了手脚。这种法律最后只能助长诽谤之风,助长愤懑。这也是为什么苏在整个痛苦经历中却不能得到网站所有者的在线支持。

我们还有一个客户,是一家大的律师事务所的律师。1994年,那时互联网刚出现不久,有天晚上参加联谊会之后,他上网发表了一些很有道理的评论。但是十几年过后的今天,这些评论又不知从哪冒出来了。发表在网上的评论总是会以某种方式传承到未来,未来可是个漫长的时间。而且这些评论经常是在最不恰当的时间被人看到。就像正当你要申请进入美国最高法院时一样。啊!但是幸运的是,对方律师无法反驳我们的立场,因为当以前管理那个论坛的公司刚被收购时,对方的辩护人对这些评论内容还没有许可权。所以问题就不存在了。

但这位治安官先生可就没这么幸运了。关于他的这些评论,可能到22世纪之交的时候他的曾孙都能看到。我给他的建议是,如果他不想在选举期间出现这些问题,他应该让在他管理的那所监狱里的囚犯接触不到网络。

后面我会给大家介绍国会和法院到底能够做些什么才能够让每个人在一夜之间就能安全上网,那时我会详细讨论这些法律问题。但现在,网站所有者的手被铐得很紧,铐得比那些在下水管道里抓住的飞贼还紧。至少这位治安官在形容国会让我们面临的这种进退维谷的境地时,他是用这个巧妙比方的。

人不是一座孤岛

标准多种多样

如果国会的议员愿意听听我们的声音,他们应该听的是:每一个遭互联网攻击和受到网络诽谤的人都会感到孤立无助,在我看来,在这个受害者岛屿上已经人满为患。这些划着独木船、单人皮艇的人,和那些在水中挣扎的人都被冲到这座岛屿上,可以坐满一艘豪华游艇,而且每天,每个时刻都有人排队等在入口处,希望能坐上船离开。

我收到了不计其数来自世界各地的人们发来的邮件,发件人都向我求助道:"请帮帮我吧!我找不到其他人能帮我了!"我并没有为其他网络诽谤的受害者建立什么特别的网站,但当这些无助的灵魂在面对这些他们无法控制的可怕遭遇时,他们便上网搜索试图找出能够解决这种问题的办法,由于网上发表的关于我的这起官司及其结果的文字介绍,我的名字被他们搜索到。但是也有很多人对互联网完全丧失了信心,他们都不敢给我发电子邮件,他们通过打我的公司电话来联系我。拿起电话没几秒钟,我就知道不是因为让家人头疼的孩子而打来电话的父母,而是一个内心深受创伤的成年人。他们渴望能够和某个能够理解他们遭遇的人联系上,他们尝试打我的办公电话,希望在一次又一次碰壁之后,在看过那么多不信任的面孔之后,有人能给予他们积极的回应。

这些电话,这些邮件,都是绝望的呼声,而我是他们最后的希望。这些人被这样逼迫着,直到被逼得无路可退,除我之外,他们找不到任何人倾诉。这是难以理解的,也是错误的,大错特错。这就是为什么我会阅读这些人发来的邮件,接这些人的电话,因为我知道这些网络攻击的受害人最需要的不是别的,而是他们感觉被隔离放逐了,他们想最需要了解的是:他们不是孤身一人。

我觉得要想知道我们这些经历过的人的感受,你得好好站在我们的角度思考,才能真正体会我们内心的孤独和绝望。从早上醒来到我们所说的晚上,我们都与这种孤独和绝望的情绪相伴。即使在我们暂时逃离这残酷现实的羁绊时,噩梦也总是来侵扰。我们就像是一个精英俱乐部的成员,我们被环境所迫联系在一起,虽然我们不会像女学生联谊会的姐妹或男学生联谊会里的兄弟一样,别着一枚徽章或有特别的握手方式来识别其他会员。如果你也遭受过这些攻击,现在有机会加入一个由与你有相似经历的人组成的群体,不管有多困难,你一定会加入进来。

我不可能把分享给我的故事讲得像那些真正经历的人们讲的一样生动真实,不知道该拿哪些来这里跟大家分享,因为我收到很多讲述他们自身经历的邮件(而且现在还不断有人给我发来邮件,似乎永远都不会断绝)。下面是一些例子(一些包含个人详细资料的信息被我剪切了):

亲爱的苏,

"在过去的两年半时间里,我一直遭到网络诋毁,而且到现在还不能阻止这个攻击者散布关于我的那些伤人的谎言。我的老公也是她的攻击对象,她说的那些关于我老公的事情,完全无凭无据,全是谎话。这个人就是他的那个愤怒恶毒的前妻。我们叫她不要再在网上发布那些关于我们和我们生活的虚假信息,但她根本不听。我自己是做生意的,我老公在我们的圈子里也是有点名气。我担心,有一天这些谎言会对我们造成伤害。

我想在我们这边找一个律师,希望他能帮我们处理这件事情,或者只是了解在这种情况下一般要做的事情有哪些。我们对于互联网骚扰和诽谤不是很了解。在我嫁给我老公之前,我从来没受到过网络攻击。我和我老公都是很注重隐私的人,想低调解决他前妻和我们之间的纠纷,但一点也不管用。我老公和他前妻有几个孩子,现在孩子跟着他前妻,现在孩子们的身心都受到了伤害,因为每次他们来我们家,回去都会受到母亲的审问。这些给我的身体造成了严重的影响,我经常握紧我的下巴,牙齿都弄坏了,经常头痛。现在我

是一点办法也想不出,因为我们试过的办法没有一个有作用。如果你,或任何其他人,能够告诉我怎么做,或者给我们推荐一个律师,我们将感激不尽。谢谢你花时间看完这些……"

来自加拿大的问候!

"我知道你到处为那些受到在线诽谤诋毁的人努力奋战。网上也有一个网站攻击我们的公司,上面的内容根本不是事实,发帖人知道或者应该知道帖子的内容根本是没有事实根据的,完全没有任何理由的谎言。

网站方面也不给出发帖人的任何联系方式和任何身份证明方式。我试过去找他们的网络地址,但好像被他们阻止了。我想我的公司是在加拿大,不知道你的律师们能不能给我们推荐一个他们了解的律师给我们?如果你能帮我这个忙,我将感激不尽。

祝好……"

亲爱的雪夫女士,

"我现在非常需要别人的帮助。我是来自××的一名电视明星,我和我的孩子在网上受到一个女人的诽谤、骚扰和在线跟踪。这个女人在网上发表令我们难堪的谣言,用低俗的词语谩骂我和我的女儿。她在 YouTube 网站上有一个用户名,因为对我的攻击被停用了三次,现在她又在××网上发表这些言论。她说我因为吸毒而被关押过,说我是个淫妇,说我因为开了家剥削工人的血汗工厂而被美国联邦调查局搜查过。因为不能阻止她发布这些噩梦一般的信息,我好几个晚上都失眠。请你帮帮我!!!……"

苏,你好,

"我在网上查找了很久,然后发现了你的网站。我就长话短说,我和我丈夫生活在一个小城镇,我丈夫是一所高中的校长。我还需要说什么吗？我们一直在忍耐当地的几个网站，难道我们就这样袖手旁观、什么也做不了吗？我丈夫是个很了不起的人，我们都不是完美的人，但是我们一直都努力工作。地方上还有一些政治势力在助长这些网站的气焰。我的目标就是让这些网站所有者能负起责任。我丈夫认为对于这些网站，我们能做的就是不管它们。我希望你能告诉我我们能做得更多。我很累，不想再受这种诽谤，这些攻击很伤人，不光伤害我，还伤害到我的家庭。希望能收到你的回信。希望你的事情一切顺利……"

亲爱的雪夫女士，

"我儿子告诉我说，他和他的一些同龄人收到了一封诽谤我的电子邮件，上面说我是性骚扰者。可是我不是，我也没有被拘留或任何违法记录。我儿子在别人面前为我申辩，因为他知道我不是一个罪犯。

很多男孩的父母注意到孩子们收到的这些虚假信息，于是谣言就这样蔓延开来，一发不可收拾。这封电子邮件让我失去了教师这份工作，一份稳定的工作就这样结束了。

我的家庭律师说这完全是诽谤，因为她知道我是无辜的，可是她不擅长打这种官司。现在我准备把房子卖掉来支付家庭日常开支。我们现在生活很紧张。

我知道你不能为我们提供专业的法律咨询，但我知道你成功击败了那些可恶的网络恶意诽谤。你能给我和我的孩子们提点建议吗？谢谢你花时间看这些留言……"

亲爱的苏，

"我因为我并没做过的一些事而受人指责。有些网络暴徒在网上散布各种各样关于我的谎言，网站使用者也不将它们删除。于是关于我的这些恶毒的无事生非的指责愈演愈烈。

这些对我造成了很大的影响。我现在极度抑郁，晚上睡不着，白天

经常犯困，不能好好工作，我现在神经极其脆弱。我到底该怎么做才能还自己清白？我试着不去想，但做不到。我试着去开一个博客，在上面告诉大家我没有做过他们说的这些事情。这样反而让他们更加肆虐。似乎不管我怎么做，我都赢不了他们……

能帮帮我吗？老实说，我不知道我还能承受多久。非常非常感谢……"

亲爱的苏·雪夫，

"我的名字叫××。用谷歌搜索一下我，你就会知道我为什么写这封信。你看到的第一条链接就是某个人的杰作，几个月来，她一直在网上攻击我和我的丈夫，因为我们决定让她远离我们的生活，她不能接受这个决定。警察也不能帮上忙，因为她并没有直接接触我们。我一直在想这种网络中伤有没有个尽头？我们该如何恢复我们的名声？

我丈夫给××做兼职老师来补贴家用。今天我制作商务名片时，我不敢在上面打上名字，因为我怕别人会用谷歌搜索到他的名字。虽然为了生存，我们希望能扩展我们的业务，但我们两个都很害怕告诉别人我们的名字。发表这些煽动性帖子的网站也不肯删除它们。我们能做什么呢？我不知道该怎么做……"

亲爱的苏，

"我丈夫是××公司的总经理，他在这家公司已经待了25年了。公司里有些人总巴望着他被解雇掉，他们在公司的网站上胡说八道，但又不留下自己的名字。这真是很难办的事情，但对我们这个家庭造成糟糕的影响。我丈夫很沮丧，真担心他会得心脏病或中风(我也担心我自己)。我们孙子和我们一起住，连他都受到了影响，他是战胜了癌症，成功活下来了，已经受过这么多罪，现在还要承受这些。

这种情况给我们带来了难以想象的压力，让我们很沮丧。我丈夫是我见过的最诚实、最专注、最用心工作的人。他不应该被人这样诽谤。我从'瑞秋雷脱口秀'这档节目中知道你的事，不知道你能不能给我们一些建议。我们找过律师，但他们说，作为一个公众人物，人们可以讲任何关于你的事情。你给的任何建议，我都感激不尽。"

这些人是谁？他们就是你，就是我、老师、校长、总经理、护士、小企业业主、继母、秘书、受到攻击的带着孩子的电视明星。

下面还有一个例子。当我想写些关于他的事情，进而征询他意见的时候，他很慷慨地同意分享他的故事。他恰如其分地控诉了网上的不公和疯狂，这种不公和疯狂让这些人挖空心思、竭尽他们所能地去攻击他人，毁掉别人的生活：

"我是一名园林建筑师，当时在为一个项目提供咨询。我不是承包商，因此不负责招聘，但我向客户推荐了一名负责室外照明的电工，这名电工做的工作令人不满意。这位客户不让电工去修缮，反而怪上我。她对我做的专业设计很满意，但每次还是跟在我身后监督我而不去监督其他人。对于她的这些反常的举动，谁都想不出一个合理的解释。她成了我生活中的噩梦。

后来她找到一个网站，让她能够摧毁别人的生活。于是她开始把她生活当中所有的不顺和问题都推到我的身上，开始在网上发布可怕的诽谤中伤内容，我的健康，人际交往，我的妻子，我在做生意时的动机，都被她拿来攻击。她公开承认她要让我身心都被击垮。

在电脑上轻轻一击，就可以看到对我的这些诽谤中伤的言语，我的生活由此发生的改变。我的职业，健康，我挣钱的权利，我的自我感觉，隐私，人际关系，社会形象，还有我整个的自由，都受到了影响。这个女人(还有她召集的一群攻击我的人)故意诽谤攻击我，让我坐立不安。通过互联网，他们成了法官、陪审团和行刑者……而我不知如何申诉。

就像有人给了他们一把上膛的枪，谁都不知道他们会造成怎样

的破坏，而你只有站在那里，孤立无援，无人相助。你该怎么向你的孙子、朋友和家人解释这种公开的羞辱呢？你成了一个关在你皮肉之下的囚犯，你不知道谁看到了这些诽谤信息，谁还没看到。你在杂货店排队时、在邮局、在星巴克咖啡店里时你会想到什么呢？我上面提及的这些恐惧从没有停止过，而他们还在继续散布这些谣言……没人出来制止他们！正义在哪里？"

正义在哪里？这个问题问得好。

我收到的这种信件，可以编一本，甚至两本书。我有没有收到过奇怪的信件，发信人不是脑袋不正常就是在编故事？当然收到过，不过只是偶尔。我收到的大多数邮件，通过办公电话打过来的人们，都真诚地向我求助，向我讲述他们的真切感受。他们都是有血有肉的人，他们的痛苦、绝望和孤立无援的感觉，我都能体会。我能感受他们感受到的，我现在还在承受这一切。他们不是上网去查个陌生人的电话，然后通过电话线诉说一下他们的伤心事，他们不是没事找事，上网写些无聊的文字，再发送给别人的人。

他们是我的兄弟姐妹，有些在小城镇，有些在大都市，但是因为网络上的不公平待遇，他们团结在一起，他们虽然被孤立，却渴望有人能理解他们，没找到其他更好的方式，于是他们联系了我。没有任何预兆，他们被困于一个很恐怖的地方，一个不属于他们的地方：麻风隔离区——第一种群。

猴子不会飞。我相信猴子不会飞，我也想把这句话告诉《绿野仙踪》里的稻草人。稻草人的手臂是稻草组成的，他的手臂被一群尖叫着俯冲下来攻击他的半人生物给叼散了，这些生物由一个道德不好的疯子样的人管辖着。

我也想把这句话告诉梅根·迈尔——只是这已经是不可能的了，因为她已经不在人世了。也许你在关于她自杀的新闻报道中记住了这个心灵脆弱的十几岁的年轻女孩。她一位朋友的母亲在 MySpace 上申请了一个账户，假装成一个叫"乔希·埃文斯"（虚构的人物）的人，去追求梅根，然后再用心险恶地甩了她。梅根在和这个"乔希"吵架之后，就上吊自杀了。

非常非常幸运的是，不是每个在互联网上被恶狠狠地捉弄过的人都以梅根这样的悲剧结束。我在"瑞秋雷脱口秀"节目中就曾看到一个成功闯过了网络攻击的十几岁的年轻人。如果又要我从《绿野仙踪》拿个角色出来比喻这个让我印象深刻的孩子的话,那这个角色就是多萝西,她是书中这么多角色中最小的,但是最聪明,聪明得不像她那年纪的孩子。生活中的失意、磨难和挑战把她塑造成一个坚强、让人难忘的角色。克瑞斯特·穆尔也是这样的人,她被评为"2007 年新泽西世界小姐",是"美国爱护我们的孩子们"这个组织防止青少年虐待和网络虐待的代言人(www.loveourchildrenusa.org)。

克瑞斯特是个优等生,现在在上大学,累计下来她做过超过 7 000 个小时的社区服务,包括做医院志愿者,参加为慈善募捐而播放的"杰里·刘易斯 MDA 电视节目",参加儿童癌症夏令营,参加"人类栖息地"活动,参加"肌肉萎缩症协会",还创建了"新自尊提取互助协会"(简称为 SHINE)。兼具外表美和心灵美的克瑞斯特,还在全国的"美丽瞬间搜寻"比赛中得了第二名,作为特邀发言人出席了"第三届纽约网络安全意识会议"。尽管她日程繁忙,当我联系她,询问她能不能为本书写些她的想法时,她很客气地给我回复了下面这封邮件:

> 发件人:克瑞斯特·穆尔
> 发送时间:3 月 4 日
> 收件人:苏·雪夫
>
> 亲爱的苏:
>   下面是我经历的缩减版本。网络攻击现在是件很普遍的恐怖事件,在事情还没有变得很糟糕之前,就应该去阻止。你也知道,现在的年轻人在现代科技发明的奇迹面前,是十分脆弱的。你正在试图让人们了解这个没有年龄、肤色、性别和信仰差异的社会问题,希望你一切顺利。祝好运,保重!
>
>   ——克瑞斯特·穆尔

我的故事得从 7 年前,我读 6 年级的时候说起。我当时身高大约 5 英尺 2 英寸(合 157 厘米),体重有 140 磅(合 63.5 公斤),这样的体型让我成为同学们消遣时谈论的话题。在我上中学的时候,同学不

光在现实生活中对我横加指责,而且还在网上搬弄是非。咖啡厅是大家论战的地方,在这里,他们用恶毒的语言来评价我,如"克瑞斯特需要穆尔(更多的)食物","大鲸鱼"。他们会在大厅里推我,储物柜就是我的降落场。

他们在学校欺负我并没有使我害怕,我在中学的时候,这种欺凌上升到更高级别。当这种攻击不再局限于我的学校生活,开始涉及我的家庭隐私,我就不能再装作视而不见了。以前下午三点下课铃一响,这些诽谤就会逐渐消弱,现在变成了网上有人假装成喜欢我和我聊天,他们这样做只是为了第二天在学校能够拿我的网上对话来开玩笑。他们创建网站来发布关于我的粗鲁而虚假的评论,就这样,我的自信心一点点被摧毁。我觉得每个人都讨厌我,我不知道该怎么办。每天晚上,眼泪都会禁不住地流下来,或者我会坐在妈妈的腿上,感觉十分无助。我知道我什么也没做,我不应该受到这样的对待,我必须做些什么。

在和我的父母深谈过后,我意识到这些诽谤并不能定义我的为人,它们反映的是那些攻击者的为人。我决定自己去战胜这些困难而不是被困难打倒,我知道要做到这样并不容易,也需要时间。我用他们攻击我的方式——互联网——开始我对"自我价值的寻觅"。我在不同的网站上查找并阅读相关主题,很多帖子内容都是大同小异,都是说"不要在他们面前感到沮丧"、"挺直腰杆,直面恶徒"、"这不是我的错"、"没人该受到欺凌"等等。

我不能说有一个"啊哈"样的改变我生活的顿悟时刻,但我的自信增强了,人也变瘦了,这也许是因为我成熟了,也许只是巧合,但毫无疑问我知识增长了。我通过知晓我找到的那些信息和建议,我明白该如何对待一个恶棍、该如何把他们误认为可以操控的事情夺回来并让自己把握。

通过互联网,我找到了"美国爱护我们的孩子们"这个组织,这是国内反对儿童暴力公益性组织中的领航人。作为这个组织的代言人,和这个组织一起,我开始了反对儿童暴力的维护活动。我已经和三个州(纽约、新泽西和康涅狄格)的几千名中小学生谈论过,希望他们能有一个好身体,也能有个美丽心灵。

攻击别人很久以前就存在,但这并不代表着它会永远存在。无论这种事是发生在你身上还是发生在我身上,我们都有能力去阻止它……每次进步一点点。

克瑞斯特的邮件代表了那些越来越多的被人攻击感到困扰的孩子们,清楚地表达了她的想法。说话不中听,看起来不顺眼,不和众人一起出去玩,不和其他人穿一样品牌的衣服,只要有一样和其他人不同的地方,一个好孩子就可能成为那些本身不是很好的孩子们攻击的目标。

在我还是克瑞斯特这个年纪的时候,这种恃强凌弱的欺负在操场上一眼就能看出来,或者是被大家排斥。打个比方,你想和某个人坐在一起吃午饭,如果你鼓起勇气坐在这个"圈内人士"旁边的空位上,他们要么忽略你的存在,要么请你离开,要么用实际行动表明态度,他们会一致站起来离开,剩下你一个人在那,孤立无援,连一个坐一起的不那么突出的朋友都没有。

很显然,这些可鄙的孩子还在这里,如果年纪不是更大的话,他们中的一些现在都可能做爷爷奶奶了。在餐厅里,看得见的饭菜托盘可以用来攻击你要攻击的对象,没有什么权威人物在那里维持秩序,把那些故意捣乱的残忍的家伙们扔去监禁。

让我遗憾的是,那些小时候做错事的孩子长大后,对生活中其他的人一点同情心也没有。他们敲打着键盘,躲在电脑屏幕的后面,靠匿名的掩饰,将毒箭射向他人,拿我们宝贵的言论自由权利开玩笑。

出来,出来,快出来!不行,这是在互联网上,这样是行不通的,至少在现在的法律框架下是行不通的。这也是为什么我们现在必须做些事情,来大大改观现行的虚拟世界游戏规则,这样就不会是那些暴徒说了算,而受害者最终将获得胜利。

我们知道的世界将会结束

教导孩子们

我每天都能听到这样的事情，日复一日，真让人揪心。我经常想，我们这个社会到底是怎么了。这些攻击，有些牵涉到年轻人，有些则没有。

我看过一个关于北极熊的公共电视节目，每年春天到来的时候，白天变长，雪堆融化，汇成小溪流。到了夏季中期的时候，植物开始发芽，把这片荒凉的大地变成了草地，各种野生动物也冒出来了。熊妈妈带着她的小熊们离开洞穴，到外面的环境中去冒险。这是一个传授和学习知识的时间。当熊妈妈像往常一样去猎食海豹和地松鼠的时候，两只小熊刚开始时认真地看着，后来就开始模仿熊妈妈。是的，他们不可能在一夜之间成为一个猎手，捕捉到食物，但是他们学习的内容很快就会让他们受益匪浅，让他们找到食物，长大，成为自然界演变的一部分。

熊妈妈知道如何避开悬崖，知道要警惕狼群。她灵敏的嗅觉会带她找到食物，她的本能让她带着小熊避开她的兄弟姐妹，这些食肉动物是不介意猎食和自己有血缘关系的亲戚的，也不介意猎食自己的熊邻居。

这些听起来是不是很像现在的父母。不管是母亲、父亲还是父母两个人，自我们出生以来就是我们的榜样。一段时间过后，我们就学会了怎样在光滑的斜坡上行走，本能地和那些猎食者保持一个安全的距离，照料自己的意图和目的。虽然不是故意的，但我们的确从父母那里学习经验，并模仿他们的举止。而他们则是学习他们的父母。这真的是习性使然，毕竟习惯是人的第二天性。

我们作为父母，是不是能做得一样好呢？我们真的能教好我们的孩子吗？现在影响他们思维成长的因素是我们不了解的。他们或者在房间里和一个来自处于战争状态下的人玩着战争游戏，或者 15 岁就在网络虚拟世界结婚了。在将他们最新的照片上传到 Facebook 网站和 MySpace 网站的间隙中，他们就把刚用手机拍摄的视频传到了 YouTube 视频网站。在这之后，他们一边和人网上聊天，玩些视频游戏,一边回复文字信息。而我们这代人曾做过的,像在院子里玩抓旗子、往情人节卡片上贴心形糖纸、翻动家庭相册、在家里仅有的一台电话上聊天这样的事已经过去很久了。但我们要教给孩子们的事情还是一样的,只是交际平台和信息传播方式改变了而已。我们的孩子,我们孩子的孩子,将成为网络世界道德的指南针。这可是个大问题。

这里有一些建议。父母们,如果你们不会使用、不懂你的孩子们在使用的东西,就不要让他们去用。完毕!

在线自我防卫的 10 个步骤

搜索引擎优化(SEO)策略

准备好了保护你自己吗?好吧,让我们开始吧。

你看了昨天晚上宣扬房地产财富的那个广告吗?我将向你解释如何在房地产行业中争得优势地位……我将向你解释如何在虚拟网络世界中获得优势。谷歌是最重要的搜索引擎。这是如何做到的?受欢迎是主要原因,再加上用户相信谷歌所做的判断。鉴于谷歌在人们思想上及在市场上所占的优势,这种局面在近期内不会有所改变。在跟你探讨如何用谷歌来进行自我保护之前,有必要先了解谷歌是如何运行的。

一般来说,搜索引擎依靠网站和特定搜索目标的相关度来对网站的"权威性"进行排名。谷歌是根据关键词在网页上的位置和在网页中重复的次数来确定一个网页的相关度。当有人搜索"洛杉矶整形外科医生"时,将这些词作为网站域名、网页标题、描述标记、HTML 页头(你可以使用你最喜欢的搜索引擎来了解这些是什么)的网站,或者是网页中这些词重复到一定次数时,这些网站就有可能被谷歌视为相关度高。而一个网页的人气一方面是由网站访问人数的多少和每个访问者浏览页面的多少和浏览时间的长短来决定,但更重要的是链接到这个网页的其他"权威"网站数量的多少。在网络世界,其他网站给予的链接就像是给这个被链接网页投上了一票。将人气和相关度一并考虑在内,就形成了谷歌的

"权威性"。实际操作要运用数学等式和运算法则,而且内容经常被改动,比我在这里讲的要复杂得多,但你已经知道谷歌大致是怎么运作的了。

但问题是谷歌认为的"权威"并不是大多数人认同的权威。谷歌的"权威"和专业知识无关,只是人气和相关度整合的结果。如果认为1+1=3的人达到一定的数量,在谷歌看来,那这也是对的。建立和一个网页的链接,并不是一个像专业资源一样受欢迎的网站,只是给予链接的多少。设想一下,如果有1 000个网站想要戏弄另一个网站或在线商店,他们和这个网站建立链接,很容易下结论说这个网站拥有的链接很多,但却不能说它很权威,内容专业。事实刚好相反,这个网站的内容不是被褒奖了,而是被奚落了。但谷歌不会区分这些。所以,当你搜索的时候,你得到的结果并不一定就真的是关于一个问题最权威的阐释。在谷歌对确定"权威"的处理方式下,一个经验丰富的影评专家对奥斯卡获奖者的评论和一个有想象力的16岁孩子的评论比起来,不一定更权威。这个孩子可能只是因为听朋友说起朋友他爸爸去看了这部电影而且不喜欢,然后上网发表了一些看似有道理的言论。

用不了多久,人们就会意识到,能替代谷歌而成为最重要的在线搜索引擎的一定是能够真正根据知识的权威性展示搜索结果的搜索引擎。毋庸置疑,这将是一场很有意思的争斗,因为现在互联网很大程度上是由那些呼吁社会"民主化"的人们控制的。在他们看来,市民记者和现实世界的记者一样受到尊重,法律系学生跟法官和杰出的陪审团成员一样具有扎实的专业知识,理疗师和脑外科医生一样受人敬重和仰慕。谷歌的运行模式和这些人的想法一拍即合,因为它所谓的"权威",不是基于人们真正的专业知识和技能,而是基于人们能够拿来用于操纵网站特征的数学分析方法,是基于人们自封的民主——通过计算链接数量来反映网民的喜好程度。谷歌的创建者是数学家,不是社会科学家。我希望不久的将来会出现一个这样的人,他能用客观可靠的方式来评定看似主观的专业特质,那样的话,即使在"民主化改革"的浪潮下,我们的网络世界也会改变。

现在马上就要进入正题!注意到了我强调了谷歌用的是数学运算方法,人们可以操纵搜索结果吗?这就是谷歌轰炸、史翠珊效应和人们将你锁定成目标时用的方法。当人们上网搜索你的时候,攻击者让所有不好的、贬低你的、经常是诽谤性质的信息以一种权威观点的方式呈现在搜索者眼前。也就是说,谷歌系统是可以被人利用的,也的确被人利用了。不光世界各地的不法分子可以利用,在世界前500强工作的员工,在家里干活的母亲,都可以利用搜索引擎优化和名誉维护的程序、策略和方法。你,同样可以通过改变谷歌搜索引擎的结果来进行自我防卫,来对付那些破坏你声誉和名声的在线攻击者。

这些年以来,杜泽尔互联网法是搜索引擎优化器、名誉管理服务商和网络研究人员使用SEO的法律依据。我们分析了各种涉及使用SEO的违法行为,从侵犯商标权到侵犯版权,从诽谤到侵犯隐私权,从黑客攻击到公然盗窃,应有尽有。我们替涉及使用搜索引擎优化问题的双方分析过、评估过并推荐过行动方案,在我们律师事务所,我们甚至有一个专门的"SEO和名誉管理"部。但现在我没地方讨论这些,而你也肯定没耐心来看这一则SEO版本的《战争与和平》。

所以在这里我列出一些最简易、最重要、成本低效益高的可执行的名誉管理步骤来和大家分享。有些建议是属于预防性的,而大多数都是你今天马上就可以执行,开始管理你的网络声誉。你可以用谷歌搜索引擎去了解下面每条策略的最新最详尽的信息,但是要记住摆在你面前的结果是最公正的结果,并不一定是顶级专家的意见。

1.买域名

买下一个域名最主要的作用就是了解哪些信息可能会对你不利。我们已经说过包含你的名字的域名会告诉谷歌这个网站的一些关键字。你的爸爸或妈妈想保护家庭的话,可以把所有别人可能用来搜索的有家庭姓氏的.com域名都买下来。连字符在谷歌看来,可以表示空间,所以带连字符的名字也包含在内。你的企业域名应该包括公司名称、商标名、产品或服务名以及重要人物和管理人员的姓名。

确定别人搜索你、你的家庭、你的公司、你的产品和管理人员时会用的关键字。不要只注意到你的名字,还要考虑别人使用谷歌寻找你时可能用的其他关键字。像我们律师事务所,关键词可能是我们事务所的名称、网站域名、某个律师的名字,或者是像一些专业术语,比如说:网络诉讼律师、诽谤诉讼律师、版权诉讼律师和商标侵权诉讼律师。能用来执行这些任务的工具可以在Ferret(参见:http://

ferret.centralnic.com) 找到, Ferret 不光能够给你提供大量可使用的扩展名不同的域名, 扩展名可以是.com, 可以是.net, 也可以是.org, 而且还能告诉你有哪些人持有你搜索的域名。如果有持有这些域名的人, 做些调查, 免得出现一些不必要的问题。你根据自己面临的危险的大小决定买哪些, 但如果你是在美国的话, 我建议你买下.org.net 和.com 的域名。

我还建议你买下跟在你主要的.com 的域名后的一些常用贬低类词语。像"去死吧"、"骗子"这样的词经常被用来建立那些攻击你的网站。现在各种各样的技术使得这些名字能玩出很多花样, 如果不是会对你造成太大的损失, 我不想在这问题上花太多的时间。这些域名通常是 10 美元/年。如果你确定了你要买的域名, 用搜索引擎找到一个域名注册商, 注册一个用户名, 把它买下。我强烈建议你自己在网上简单介绍你自己, 常更新, 注意措辞。有人说域名是谷歌排列结果最重要的参考因素, 当然, 这还不是定论, 但记住, 通常情况下, 你忽视的东西就是你盔甲上的裂缝。

2. 建网站

有些域名注册商会免费提供或以很低的价钱提供网站, 可以几分钟就建好。还有很多很多虚拟主机提供很漂亮的网站, 每个月只需要不到 10 美元。另外, 谷歌也会提供网站。但请多花些时间选择, 选择一个能让你在网站上使用 SEO 所有服务的供应商。确定你的网站上有网络地图, 要不然的话谷歌根本就不知道有你这个网站。你想要在你的网站标题、元标记、页头(特别是第一个页头)和你的页面内容(至少重复三次)里面重复你要保护的关键词(域名)的时候, 你必须保证你有做这些的权限。一个小时过后, 你就能拥有一个优化网站, 至少从保护你的关键词这方面说是这样的。你可以一直重复做这些事, 你就可以建立很多个不同的网站, 当你被人搜索时, 这些都会出现在搜索结果中。没过多久, 它们就会出现在谷歌的搜索结果中, 你开始在网络中建立你的信息, 挫败针对你的一些攻击, 迫使攻击者把目标转向那些没有阅读过此书的人。

3. 开始写博客

博客也会被谷歌标示出, 占据谷歌搜索结果第一页的重要位置。就几分钟的时间, 你就可以在 WordPress.com 和 Blogger.com 这些网站上免费建立自己的博客。记住把你要保护的关键词作为你博客的名称。另外,由于你不能像在自己的网站上一样优化你的博客,但是至少它上面还有很多花式编码,记得把你的关键词放在你的博客标题和你发的每一篇帖子的标题里面。你不光要在帖子的文本里面重复使用关键词,还要在文本里面插入锚定文本链接,将你在网上有的所有资源都相互链接起来,这样你可以在网络中保护自己。记得这些锚定文本链接的用处吗?它们可以让被链接的网站更权威,能提升你博客的相关度,这两点都有利于提高你发布的网上信息在谷歌搜索结果中的位置。你现在运用的策略正是我们这本书使用的书名。使用这些锚定文本链接能帮你树立权威,因此,当有人用谷歌搜索你时,你的网站、博客和其他在网上发布的信息就会在搜索结果中占据显著的位置。你在建造自己的城堡。接下去,我们要开始建护城河了。

4.在你的主页上添加另一个网址

　　两个网址在谷歌搜索结果中表现为两项结果,它们都要努力提高各自在谷歌搜索结果中的排位。如果你新建了一个新网站,它会削弱你第一个网站的力度和权威性吗?这里没有杠杆作用,那只是一个子网。你可能经常看到这种现象,只是不知道这些就是这里说的。在你的子网域名中使用你的关键词,就像http://dozierinternetlawpc.cybertriallawyer.com/,这里的双斜线后的部分就是子网域名,它加在我们律师事务所的域名(Cybertriallawyer.com)前面,搜索引擎会把子域中的内容看成是一个独立的网页,当有人搜索我们律师事务所时,会将这部分列为另一个结果,现在这个子网就是在谷歌搜索结果的第一页上。当然,你要保证放在子网上的是实在的内容,而避免使用重复的内容,否则可能受到谷歌的处罚。我建议你这样做,如果你现在只有一个网站,用 Sites.google.com,这是谷歌免费提供的门户网站。我还确认了一点,这些网站是免费的,很容易设置成子网。

5.去社交网络

　　注册一个 MySpace.com 和 Facebook.com 的用户名。但在此之前,用谷歌搜索一下有关"SMO"(我们这里指的是"社交媒体优化")的网站,你会看到大量优化

社交网页文档的最新最有效的技术方面的相关信息。一定要在注册之前去搜索一下这些优化技巧,因为你在注册过程中要注意一些 SEO 策略,而这些注册信息一旦注册成功是不能改变的。看完这些介绍信息,了解该如何去做。这不会花费很多的时间,也不会要求你一直参与这个社交网络。但只要你用适当的方式参与得越多,就会收获更多的 SMO 带来的好处,当然也会有一些不好的地方……你最好看好你的孩子,如果他们发现你申请了用户名的话,他们会一直在线的,当然前提是他们想要和你做朋友。

6.把图片贴上 Flicker 网

注册一个 Flicker 网的用户名,把照片传到上面去。你可以通过网络找到很多针对这个网站的 SMO 和 SEO 使用指南,上这个网站最大的好处便是每一张图片都是一个独立的网页,可以被优化。据说当时设计网站的时候就是这样考虑的,因此可以用谷歌搜索到,这点是很重要的。多好的机会啊!但如果你是一个生意人,了解到如果不和其他用户交流,只是利用 SEO(好吧……是 SMO)策略,把 Flicker 网用于商业目的的话,用户名会被取缔。我对生意人的建议就是注册一个用户名,优化图片,如果网页在谷歌搜索结果里位置让人满意的话,就每个星期花些时间参与这个网络社区的互动。

7.注册常用网站

几年前,我收到一封来自雅虎的电子邮件,而用户名却是我们的公司名称,你想象一下,我当时有多么惊讶;而当我得知有人在一个颇受欢迎的博客网上用我们的公司名称注册了用户名,我又是多么沮丧。别让这些发生在你身上。否则你将不能 SEO 你要保护的这个名称,你将使别人有攻击你的机会,或让别人有机会冒充你。在 www.usernamecheck.com 上有一款很好用的免费工具,它能够查到是否有人用你的名字在网上注册了。它共涵盖了 60 个网站,从社交网络到所有主要的这些电子邮件服务网络,它都包含在内,在这些网站注册会员都是免费的。把所有这些网站都注册掉,将用户名设成你的关键词。如果你不经常去上,其中一些用户名可能会过期,但有一些却永远都不会过期。定期去检查一下,你就切断了一种攻击者常用的攻击方式。记得在 Twitter.com 上申请账户的故事吗?太对了。

8.利用个人品牌网站

在 LinkedIn.com、Naymz.com、Lookuppage.com 以及 Ziggs.com 这种有名的品牌网站注册用户名,最重要的是,去注册一个 Googleprofile(谷歌个人资料服务),这是谷歌新推出的个人品牌网站。毫无疑问,谷歌会把这个排在搜索结果前面的位置。所有这些网站都会在搜索结果中有比较好的排名位置,是对真实的你详尽的表述,常常还伴有朋友、同事对你的赞美和褒奖。

9.想尽办法杜绝这些情况

如果你仅仅关注个人名誉管理,就不要将视频上传到 Youtube.com 上。当然你把 YouTube 当做你的社交网络交际平台,那就是另外一回事了。但如果你将个人视频放上去仅仅是为了 SEO(搜索引擎优化)的话,那是很危险的,因为你这样可能会招致实物报复,也可能一从上面看到你的脸,你就激起攻击者实施报复的欲望。如果你听说 Wikipedia 能很好用来 SEO,因为上面的网页都在谷歌搜索结果的前面。这也许是正确的。那你是不是介意成为被一群疯子编辑过的 Wikipedia 搜索结果的头三条?我强烈建议你不要去注册 Wikipedia,最好想都不要想。你在名誉管理过程中有一点一定要记住,那就是控制你在网上发表的内容。

10.考虑雇一个声誉管理公司

你是不是工作繁忙,没有时间?是不是要使用电脑,让你一筹莫展?还是这些对你来说太烦琐?那也许你可以考虑这个办法,当然前提是你觉得这里列出的建议很不错。你将会对优秀名誉维护的管理人员所做的一切惊讶不已。

现在这些建议你都知道了,我已经逐条详细说明了如何一步一步做起,直到成功。下面将介绍一些外在的影响因素。

亲爱的,这里是美国联邦调查局

寻求适当的专业帮助

我给的这些建议,不管是早期的预防系统(即名誉监控),还是在线防卫方法(即名誉管理),都只是些简单的介绍,基本上不会花什么钱,也不会很花时间,是利用所有你能利用的资源所能得到的最高最好的收益。而名誉管理这个行业的专业人士却能在更大范围给予你更多的支持和帮助,他们会帮你建立到达你网上资源的链接,这是保证你的资料拥有一个长期的较好的谷歌搜索结果的重要方面。在上面我没有提到目录在使用 SEO 时的作用,也没有提到在使用社交网络时如何让谷歌更容易搜索到,没有提到社会性书签网站,也没有提到使用博客进行 SEO 背后的原则。我还可以讲很多很多,但不是这本书的涵盖范围了,却是在很多名誉管理公司的专业范畴。如果你对你的在线名誉十分严肃认真,你考虑建立和维持一个像"防弹衣"一样能抵挡得住他人攻击的在线名誉(如果有这样一种东西),下面是我的意见。

苏通过"声誉卫士"公司取得了巨大的成功。就像她所说的,有很多很多十分优秀的名誉管理公司。如果你想打官司的话,也有很多很机智能干的专业律师。

声誉管理人员(我把他们叫做专业人士)必须要有 SEO 的相关背景,我们已经知道了优化你的网络信息对于谷歌搜索结果的重要性,很多公司便以此为生,这涉及到很多规则。如果你想要雇用一个专业人员,多花点时间,三思而后行。是的,你要查下他们的声誉如何,看看人们用一些常用词汇(如"搜索引擎优化"或"名誉管理")搜索时,他们的网站能不能出现在搜索结果前面的位置。如果他们连这个都做不到,也许你可以考虑另一个人。但也别太急着下结论。这些关键词有很多竞争者,这意味着出现在搜索结果第一页的人都是很优秀的人。很显然,在搜索引擎优化领域,第一页属于这个行业精英中的精英人士。

有一个经验法则,那就是搜索这些关键词时,在搜索结果中排名越高的人,你付的聘用费就越高。也就是说,如果在这些搜索结果的前面五页里都没有你在找的专业人士,那你就得谨慎些了。也有一些人,他们刚刚进入这个行业不久,却利用 "黑帽"方式(这是不道德的)在短时间内取得很高的排名,这样的人从长远来说,可能会对你不利。还有一些人,服务项目很多,收费也合理,但是在为你做事的时候却不能提供高质量的服务。换句话说,就是找一个为你办事,熟悉这个行业规则的人。如果你找的这个专业人士不向你详细介绍他将为你做的事情,那他可能就是个"黑帽"。你可以搜索一下"黑帽",了解这种会把你带进油锅毁掉你的网上声誉的行为。总之,多花些时间挑选,三思而后行。

大约一年前,我收到一则通知,说我们网站上的一篇文章的部分内容被人复制了。这个令我印象深刻的网站,将我们网站的内容复制过去,这个网站属于一家"声誉管理公司",而让我惊讶的是这家公司的所有人,我不久前告他敲诈勒索。他因虐童被判过罪,对一个有威望的人进行诽谤勒索,是个彻底的混蛋。我打电话过去,他便解释说,我关于名誉管理的那篇文章写得太好了,所以他决定用在他新创的事业上。当我向他解释了版权法过后,他才把帖子删除了。我想我们上次对簿公堂让他对太阳下的所有事情都有所了解,当然除了版权法,因此,我相信他一定很感激那次让他免费学习到的法律知识。但是两个月后,他又把这些内容复制到他的网站上,我只能摇摇头,看上去我好像支持这个家伙似的,我想是这样的,现在那些内容可能还在他们的网页上。但是你必须保护自己的权利。

不要有一些不切实际的想法。有一些极不好的策略也可以用来让你摆脱伤害你的或对你不利的网站。如果你在一个论坛里被冤枉成骗子或混蛋,而在对你进行搜索时这是排在第二的搜索结果,要想这个虚假信息落到第一页之外,你得花些时间做些事情来改变。但你也可以用我称为反向的"黑帽"行为来解决这个问题。你只要把内容复制下来,把内容粘贴到另一个网页,让谷歌对擅自复制其他网页内容进行处罚(被检测到)。这样的话你就可以控制搜索结果第二位,然后你可以对你的网页进行改动,而不让谷歌发现你做了改动。你可以在网页上添加称赞你的语言,让那些数落你的内容在网页的下面。这些都是"黑帽"行为,千万别用,其他"黑帽"操作也不能用,比如说:花钱买链到你网页上去的链接,出售链接,在你的网页上隐藏一些文本,或者使用"门户网站",让谷歌认为这是关于某些方面的,但其实是关于另一方面的。千万别做这些事。因为这些行为被一些道德不好的专业人士使用,当你在聘用人时,要查清楚。别每个月花钱就是买了根

"魔杖"。这里我想说的不是这样做上帝会怎么想,而是这样做其他人会怎么想。想要进行在线攻击吗?那就使用这些卑鄙的手段吧。

有些公司的管理人员还是会让他们市场策划部人员"清除掉这些负面搜索结果"。一般来说,这是不太可能的。道德素养高的专业人士做这些需要时间,通常你和一个优秀的专业人士签署合同时,合同期最短也要 6 个月。没有什么简单的合法方法能很快消除这些信息,除非网站持有者把帖子删除,或一个正直的虚拟主机服务商认为该网站违反了合约,而这种事由于存在某些原因,是很少发生的。当然,如果你不怕有一天联邦调查局的人出现在你的门前,你也可以雇一个虚拟杀手,对这个网站进行黑客攻击,把它的脑门用冰钻砸了,脚用棒球棒敲了。这怎么说也不是什么令人高兴的事,也不会少花钱。

要遵纪守法。和这个领域的人打交道要谨慎,不管怎样,考虑事情要做长远打算。也许有些方法看似能一夜之间把你的问题就解决掉了,但那些是"黑帽";有些方法能帮你快速达到你想要的结果,但这些不能维持很久。这些都是海市蜃楼。用世界上最好的方法能让人成为一个卓有成效的名誉管理员,用世界上最坏的方法也能让人成为一个卓有成效的名誉管理员,关键是达到目的的过程,而不是结果。

有人争论是先有律师还是先有这些名誉管理公司。这要看是在什么样的情况下。但如果你想和某个律师商量对策,这里有条很重要的建议:在谷歌上调查一下这个律师。记住任何诉讼律师或出庭律师都扮演对抗性的角色……在某一案件中处于对手位置的律师总是把攻击对付作为要突破的第一道防线。任何一个经验丰富的出庭律师,在接手网络诽谤案件时都会遭到网络攻击,就像苏提到的声誉卫士律师事务所也是这样。如果一个律师没受到过任何攻击,那你就要问问看这个律师是不是敬业、是不是能干、有没有经验。但是你上谷歌查询最主要的目的是看看这个律师事务所或者说这个律师是怎样进行在线防守的。

他们有没有运用我前面介绍的那些基本策略?如果没有,这个律师事务所就有可能(不幸的是的确会)遭到攻击,你得到的建议和指导也会受到影响。我经常见到这种事情发生,当地的律师写了一封"停火协议",却招来一场灾难。一个知识产权专家不能在谷歌搜索中保护好自己,也很容易受到攻击。要小心,做决定时要耐心谨慎。

　　最后，不管你做了怎样的决定，要有你自己的想法。即使一位专业人士和你的意见不一样，也不要慌张。如果你的咨询师或律师对我的这条建议不太认同，示警红旗出现了。我想起维尼·波姆波茨医生，他告诉罗德尼·丹杰菲尔德他活不了多久了，罗德尼说他想要第二个选择，医生回答说……没关系，你反正长得也不好看。这种第二种选择不是我这里说的第二种选择。苏就不仅寻求专业咨询，还决定做进一步的努力，向国会反映网络攻击的情况。

构想未来

好人,坏人,丑陋的人,我都提到了,我还将用特殊的一部分来讲讲具有同情心、给予我帮助的、具有美好心灵的一个人,他有能力让事情做得很好。非常感谢格罗里亚·波梅兰茨律师,帮我打开一扇门,让我能够见到一位很有影响的佛罗里达州参议员。2007 年 10 月 22 日,我第一次见到斯科普·坎贝尔参议员。

让我惊讶的是,斯科普·坎贝尔参议员对我的故事很感兴趣。他很清楚关于互联网立法上的漏洞,也有很多选民和朋友跟他讲,他们受到网络攻击,因此企业和个人名声受到影响。

几周过后,坎贝尔参议员又联系了我,并邀请我再见一次面。老实说,当我接到电话时,我感觉自己飘到离地面 10 英尺高的空中。在和坎贝尔参议员第二次见面的那 30 分钟里,他给了我希望通往成功的钥匙。他认为这种改革要从华盛顿开始。就在那时,那个地方,他拿起电话,给国会议员黛比·沃瑟曼·舒尔茨的办公室打电话。那天晚上,她的办公室就打电话给我了。

2008 年 3 月 3 日,坎贝尔参议员、国会议员黛比·舒尔茨、我的律师大卫·波拉克、格罗里亚·波梅兰茨律师,还有我,召开了一次小组会议。我们用了一小时时间讨论网络攻击和网络诽谤现象,在会议结束的时候……哇,我长久以来的希望终于变成了现实。

虽然这位好心的国会议员对现在的局面深有感触,但她打比方说,要改变这种局面,就像当年约翰·肯尼迪总统希望能在 20 世纪 60 年代末实现人类登上月球的目标一样,这是肯尼迪总统 1961 年在国会的一次联合会议中发表演讲提到的,而阿波罗 11 号在 1969 年 7 月实现了肯尼迪总统的梦想。实现这个刚提出来时让人觉得不可思议的目标花了八年的时间。

舒尔茨议员是在暗示无论这种提高和改变多值得去追求,进程还是会很缓慢吗,还是说这个看似不可能的梦想会以光的速度马上达到呢?不管她想表达的是哪种意思,她很明确地指出现在的状况:在《通讯规范法》修缮之前,我们什么也改变不了。

然后,她请我给出一些法律修缮的建议。可惜的是,我不具有法律专业知识,也没有政治头脑,接受不了这个邀请和挑战。

但是你知道吗？我敢肯定,约翰·杜泽尔能做到。

革命性的改变

行动起来

我写这本书的目的是为了尝试解释一些非常复杂的商业、技术、社会和法律问题,让它们易于理解。我从这一经历中收获颇多,我希望你们也能如此。我们已经在短时间里经历了很多的事情。至少对于部分问题我已经讨论了一些解决的方法。在我最后的想法中更多的解决方法将会出现。我从来都不是一个追忆过去的人,也不是一个用现在判断未来的人。我希望你们也能和我一样。

变革很少在朝夕间就能出现。一个大问题的改变更不会凭空发生。伟大的变革通常是随着时间的推移缓慢发生,这里一点,那里一点,慢慢积累起来,这些变化是如此的细微以至于事实上难以察觉。然而它还是变化了。

对于你们每一个人,我要提出以下建议:以缓慢的步伐进行改变是不够的。以革命性的速度进行改变是唯一的选择。这样一场革命从你们每一个人开始。当你教育你的孩子的时候,请教好他们。我请求你们抓住每一次机会来抵制社会风气的下滑。要有勇气坚持你们心中认为正确的事情。还有任何时候都不要轻易容忍网络上的违法犯罪者。

问题解决方案

在我看来,制定新的或是修改现成法律都不是实现我们社会所需改变的最好方法,然而可能是唯一的途径。新的法律观点和来自法官的阐释应该是最后不得已才用的方法,但也是现在唯一的选择。在这个风云变幻的网络世界,撰写法

律可能造成意料之外和难以想象的后果。做决定的法官都是十几年前从法律专业毕业的，那时个人电脑还没出现，更没商业化。我们的司法和立法系统的运作就像是制作香肠的过程，你要是知道制作过程出现的一些恶心的事物，你就会永远都不愿碰它。但这两样东西都是这个世界上的好东西。

首先，我要谈谈新思想、新观念和新事物会如何改变网络世界，你们大家，合在一起叫做社会，能如何改变网络世界。我在电子商务行业做了很久，早在1994年2月我就看到了未来的不同，惊讶于可能出现的改变。但是不管科技如何先进，网络的人气还是由网民们说了算，正是由于网民的支持，MySpace，Facebook，和Twitter这些网站才会这么成功。

民主化和谷歌

哪些操纵网络世界的哲学观需要改变？第一个要改变的就是认为任何民主化的东西都是好的，要求绝对的人人平等。从人的名誉方面讲，这把社会给予领导者的权利转移到了马克思所说的人民大众的头上。这种观念就表现在谷歌搜索引擎使用的运算方法上。让大家来决定，这似乎是人人念叨的咒语。信仰民主化的人认为，所谓的名声，就是大家怎么说就是怎样的。用这种观点代替真正的真理，暗示的其实就是根本就不存在任何真理。真理成了人气的竞赛，就像是选美比赛，像电视节目《幸存者》。真理，这里指声誉，再也不是靠美德来定义。

我相信你现在了解谷歌炸弹是什么了。在我看来，谷歌炸弹告诉我们，偏见会对一个主张公平的社会造成很大的伤害。谷歌定义什么是"权威"，基于人气的多少，打着"权威的和相关的"的旗号，把结果呈现给人们。如果民主化浪潮选定了的话，用谷歌搜索相对论时，在谷歌搜索结果中，一个13岁孩子的观点可能排在阿尔伯特·爱因斯坦的前面。因为谷歌现在是最主要的搜索引擎，它也成为了声誉引擎。但谷歌认为值得信赖、羡慕和尊敬的品质可能和社会上大多数人的想法不同，而社会上多数人用于评判人声誉的品质不被谷歌认同。在网上，声誉成了可以被人为操纵的人气竞赛，被那些懂科技、能控制谷歌搜索结果的不正之徒操纵着，他们借之也操纵这多数人的意见。谷歌展现的声誉经常是假的、被人控制的、不真实的，经常误导人，而它的影响范围越来越大，因为网民不再亲自寻找真实、客观、公正、可信的专业评价，他们只会使用谷歌搜索。

但是总有一天专家鉴定将会控制网络世界，会取代现存的谷歌搜索哲学观。我不知道谷歌会不会跟上这种改变，但是在"民主化"思维浪潮下，把占据主流合法地位的这种偏见调整到公正诚恳的专家鉴定是很难的。我相信，在我打这些字的时候，谷歌里正有人在为一件事团结合作——这些精英人士正在为"非民主化"思想努力。我们看见有一些小企业聚在一起尝试建立"在线道德徽章"和"专家通行证"，他们面临的挑战是如何用客观标准来定义专家鉴定，取消纯粹的人气观。受人尊敬的专家鉴定会出现在搜索结果的前面。让人拭目以待想要知道的是，当这种局面出现时，谷歌是继续领先群雄，还是成为无法适应世界新秩序的又一款搜索引擎。我能看到有一天谷歌成为网络世界的《国家询问报》（美国的一种超市小报）。具有讽刺意味的是，这也是通过你我的投票产生的。网络社会会通过投票，厌倦被谷歌称为权威的垃圾信息，走向绿茵茵的大草原。

自我管理

虚拟主机和付款处理器的运作正逐渐向自我管理靠拢，行为期许和行为准则的执行写入合约中。这是对付网络攻击很有意义的进步，这些公司是网络里的英雄，他们使网络世界更有秩序，不让行为不轨者和违法犯罪者进去，把他们扔在路边。自我管理必须加以保护，继续推广，行业内部的一般标准和行为准则必须受到鼓励，虽然这种自我管理方法落后网络提供的其他服务。

在线权利电子法案

我们现在面临一些特别的挑战，不仅我们自由的权利受到挑战，我们维护正义的法律体系也面临挑战。处理这些通过网络对社会成员的名誉和声望进行攻击这一现象也迫在眉睫。法官和立法人员应该要考虑不是"前网络"和"后网络"时期，而是"前谷歌"和"后谷歌"时期。谷歌的出现是在线声誉攻击的催化剂。如果互联网是起爆雷管的话，那谷歌就是核弹。

记住这句话，现在看看我提出的"在线权利电子法案"。

1.没人会愿意花很多钱跑老远去寻求正义

现在你想要起诉一个攻击者，一般你要跑到攻击者的所在地才能对其起诉。

如果有人在阿拉斯加或夏威夷诽谤你，而你在佐治亚州农村的公司遭到攻击并受其影响。如果有相关法律的话，你也必须到攻击者所在州起诉他，由他们州的法官来审判你提交的这宗案子。这就是所谓的"最低限度联系说"。立法机关必须要扩展各州的"长臂法律"，法院必须意识到我们现在在"后谷歌"时期，再来改变法规。你应该可以在你自己州对任何人起诉，不管他是在哪个州，如果你是他的攻击目标，他就知道，或者说应该知道，你的地理位置。

2.人人都有权利从网络攻击者那里获得民事赔偿

你要回想一下我对网络攻击的评论。国会得通过联邦网络攻击法，内容既包括民事案由，也包括刑事责任。各州应改变它们的网络攻击法规，应包含民事条例，这样就会给那些利用网络行刺他人的攻击者带来严重的经济后果。这些法律必须要有杀伤力，像网络域名抢注和版权法规一样有法定威力，并易于实施禁令解除。必须要求有人身威胁这一条应该去掉。

3.保证有关人员参与到司法过程时没有任何后顾之忧

当起诉不法分子时，这群暴徒经常会去攻击原告。但这还不够，他们还会攻击原告的律师。但这还不够，他们会开始攻击法官，就像我们看到的那样。但这还是不够。我们在本书中把苏的陪审团主席的名字略去了，因为他们下个攻击的对象就是陪审团。这也是为什么我们的司法系统存在危险，法制受到攻击。这些攻击是针对参与到司法过程中的有关人员的。当这群暴徒认为陪审团、他们的工作、他们的配偶，还有他们的孩子是可以攻击的对象，就像坐地上不动的鸭子，很容易攻击的时候，我们可就有大麻烦了。现在需要通过相关新法律来保护参与到司法过程的有关人员。法庭应该允许原告匿名，因为法院文件会密封起来，这样各种信息就不会传播到公众耳朵里。陪审团名单和陪审员的姓名也必须保护起来。有关干扰陪审团判决的法律必须在定义和范围上有所扩展。

4.保证基本的隐私权

我已经讨论过在过去15年里，隐私权的概念被削弱了。立法者、国会以及法院必须首先意识到在"后谷歌"时期，隐私侵犯已经提高到了一个新的层面，从而去改变这种趋势。

5.允许通过法庭向匿名发言人寻求赔偿

匿名发言是导致网络攻击的最大问题之一。而且从近期的法庭判决结果看来,要想起诉那些胆小地匿名发帖以隐藏自己所做的违法行为的这些罪犯,是很花钱的,也很棘手。法庭必须把匿名发帖当做一种特权,而不是普通权利。

6.不得为赚钱侵占他人或企业的名称

这里涉及两个问题。商标侵权,如果有人利用一个企业、产品和服务的名称去赚钱,和这个名称真正的所有人竞争,一般来说只有当顾客把两者混淆的情况下才是侵权。如果顾客没混淆两者,或只是可能混淆,都不构成商标侵权。不过,用商标侵权法律来保护你的名字是很困难的。不法分子经常会攻击企业和个人,利用攻击来吸引到某一网站的流量,这样就能提高这个域名在市场中的价值。攻击者还会在网站上添加一些付费链接,或利用其他可能使网站升值的方法。州立法委员和国会应该立法保护远比现存商标法更多更广泛的内容,还应该考虑仅仅基于一个名称之上的涵盖范围更广的商标侵权现象。

7.不应限定遭受攻击的受害者寻求赔偿的时间

对于现实世界的诽谤,法令规定的限定时间通常是一年。但是在网络世界中,不管是故意的还是偶然的,在线诽谤中伤的时间跨度可以达到几年。对于在线诽谤,相关法令的诉讼限期需要州立法委员再做斟酌。在线攻击者,可以用SEO策略把一年前发表的诽谤言辞重新翻出来,或是像之前跟大家介绍过的一样,把"robots.text"代码去掉,使这些言辞在搜索引擎看来好像第一次出现一样。这些方法让攻击再次粉墨登场,但是却不会受到惩罚。

8.任何法律都不能打击受害者寻求法律帮助的信心

好几个州都通过了法规"针对公众参与的战略诉讼"(SLAPP),这是对维护你的名字最大的威胁。简单来说,这些法规给承受在线诽谤和攻击的受害者造成了难以想象的压力和危险,而给攻击者提供了很好很有力的保护,只剩下受害者暴

露在网上。如果你所在的州有 SLAPP 法令,你现在就应该开始行动,让立法机关把它取消掉。

9.不要忽略服务商对于传播虚假诽谤性信息应负的责任

可以肯定,现在这种责任被忽略了,也许这是一相情愿的想法。我也认为有些第三方的评论不应该由服务商负责。基于现在的状态,我对《通讯规范法》(这名字用词不当)的修改意见如下:

a.像现在处理域名纠纷一样,对于那些声称自己有"免疫力"的人使用强制手段为自己的行为负责。

b.要求保留日志文件。

c.建立一种"卸下程序",网站发表了真实性不能确认的信息后,网站管理员给发帖人发去他们当初立下的宣誓书,发帖人有为自己辩护的机会,有条款规定接下去该怎么做。这有点像现在处理版权纠纷。

d.不再保证匿名或用假名发表帖子的人不受惩罚。

e.建立两个级别的服务供应商的免疫能力:一级给互联网服务供应商和另外一些不能对内容进行改动和编辑的服务供应商,另一级给那些可以控制内容的服务商。

长期执行这些步骤有助于解决问题。

结语

拿我自己来说,我从现在做起。因为我是渴望改变的倡导者,所以我会向法官提议,只要他愿意倾听为什么我们需要换一种方式来看待问题;我会向每个陪审团成员提议, 也许哪天他们就会一致通过一项让整个国家甚至整个世界都惊叹的审判;我会去敲州立法委员的家门,请求制定更完善的法规;我会去国会会议室和大厅,促使真正的法律早日生效。我要传达的信息很简单,很明确:我们现在就需要革命性的改变。我邀请你也加入我的行列,促使改变发生。

这并不容易,但值得去争取的目标什么时候能轻易达到呢?我们需要你的帮助,在你家里,在你当地的教堂里,在你当地的市政厅,去宣传,去做些事。我已经提供了一些帮助和向导,拉住我的手,在我的带领下,成群地去找你们选举出来的代表们,要求他们采取行动。使得你所在的州通过法律,扩大"长臂法规"的司法权,建立网络攻击的民事法律,废除 SLAPP 法规。还有,把这本书交给代表们,告诉他们你想要的是什么。如果你们的国会议员,不能带来保证这些礼仪的新一版的《通讯规范法》,让他们待在华盛顿不要回来。

也许你看完这本书会觉得很绝望。我该怎样保护我的孩子们?我该怎样保护我自己、保护我的公司、保护我爱的人?100 年后,我的孙辈会怎样看待我?我流传下去的会是怎样的遗产?他们会怎样谈论我和我爱的人,而我们却无法给自己申辩?这些答案就在一个婴儿伸出的手指边, 在一个蹒跚学步的孩子张开的手臂中,在你爱人的拥抱中,在和同学的握手时,在和你朋友击掌庆贺时,在和爱人紧扣的手指中。只要张开双手,有些人会提供帮助,而另一些人需要帮助,但我们的手会紧紧牵住彼此。是的,会改变的,在你的帮助下。

发信人:Sue@GoogleBombBook.com

收信人:你

日期:今天

主题:你知道谷歌是怎样评论你的吗?

　　网络诽谤的受害者在社会上会受到冷落排斥。我衷心希望这本书能够让你避开投放在你路上的谷歌炸弹,免受伤害。我觉得你要维护好自己的在线形象,不要等到成为我"精英俱乐部"的一员时才想起去维护。虽然我们在这里并不好,没有带纸伞的加冰迈泰酒,但还是一直有人排着队等待加入我们。

　　在我们制定的会员名册上,所有人都很肯定,网络诽谤也是一种犯罪。在我们这里你不会受到歧视,不论你是哪种职业、哪种性别、哪种肤色、哪种信仰,或任何在其他行业可能阻碍我们走在一起的因素,都不会让你受到歧视。无论你是律师还是园艺设计师,是卡车司机还是医生,从青少年到祖父母,从职业女性到家庭妇女,都有可能遭受网络攻击。

　　恶意地敲击一下键盘,相当于一颗网络子弹,只是子弹不是射向网络虚拟世界,而是直接攻击到在现实中的攻击目标。互联网可以成为一件合法的致命武器,也可以成为绝妙的教学工具,它是一个有着自己运行规则、必须尊重的存在,因为它对好的和坏的、对积极的和消极的以及漂亮的和丑陋的都会产生重要的影响。就像动物在原野尽情奔跑, 这个景观让人惊叹敬畏——直到它转过身看到你,没有任何防备,没有任何武器,突然面对着这样一个对你虎视眈眈的猎食者。它在考虑该怎样食用它的美餐,是猛扑过来,一击封喉呢?还是更悠闲地享用它的美餐呢?看着它舔着身边的骨头,和聚集在你身边的它的伙伴们,想象一下将要发生在你身上的事情,让人不寒而栗。不管怎样,你知道谁是它们的晚餐吧。

　　这就是当你受到在线攻击, 而你却没有丝毫防卫能力时的感觉,就这样被一个猎食动物挑中,围攻。我真的相信,我必须相信,有一天正义会得到伸张,善良的好人不用再被人骚扰,那些恶毒的前妻/夫,那些精神失常的人,那些匿名上网的同学,再也不能把你当做人质。当正义得到伸张的时候,受折磨的人们再也不用胆战心惊地东张西望,再也不用害怕告诉别人他们的名字,不用担心他们的工作,不用担心他们的业务,不用担心他们的房子,因为他们只需要叫那些坏蛋滚开。

　　遗憾的是,你不一定知道那些想撕裂你的人是谁,你只知道你在努力躲避那些在飞的猴子和那些咯咯笑的恶毒女巫。但是别忘了如果往这些恶毒的巫婆脸上泼一盆冷水,会有怎样的结果,就像多萝西拿到了那把曾经伤害无辜人们的魔法扫帚。咔嗒、咔嗒!你知道接下去发生什么了吧。

　　保重,希望上网时一切顺利!

苏

发信人:约翰·杜泽尔

收信人:你

日期:今天

主题:为什么要写这本书

　　创世论者认为上帝用了几天的时间来创造我们的地球,而圣经中最小的时间计量单位是小时。我不知道分钟这个时间单位在哪受人欢迎……也许是纽约吧。但奥运会运动员迈克尔·菲尔普斯以领先百分之一秒的时间夺得奥运会金牌,所有这些表明时间单位越用越小。而我们今天要讨论的中心问题就是改变的速度。

　　在网络世界,名誉被毁的时间是以毫微秒来计算的。一个素不相识的人一时冲动在键盘上敲上几个字,就可以给另一个人永远地贴上红字的标记,花上好几年、几十年,甚至几百年精心建立起来的一个品牌,将处在灾难的边缘。我们所在的世界变幻速度比以前更

快了,但是美国的家庭、企业、立法机构和法庭还没有跟上这些变化的节奏。正因为这样,声誉可以在一夜之间被毁掉。

这样设想一下,你生活在南部的一个小镇里,交通指示灯由红变绿了,但是停在你前面的车没发动,你知道应该耐心等待,哪怕指示灯都轮流亮了好几个来回了。我喜欢纽约,但是在这种情况下你要是不踩油门往前开的话,后面的出租车司机就会不停按喇叭,当他摇下车窗玻璃,向你挥动表示和平的手指时,可能会跟你的车尾温柔接触一下。网络世界就是这样的出租车司机。社会正在等待下一个绿灯,这样的现状必须改变。

我爱美国。我愿意相信我所相信的事情,去我想去的地方,珍惜我孩子们长大后会有的机遇,我会为我认为对的或不错的事情而去努力。我想这是我的成长环境所决定的。我父亲是长老会的牧师,早年当过海军飞行员,做过美国联邦调查局情报员,我母亲是加护病房的护士。帮助别人是几代人传承下来的传统。我十分感激我的父母,多亏了他们为我的人生打下了坚实的基础。我早年的时光有很多是我个性形成过程中的美好回忆。记得有一次,父亲走到假日酒店的前台问店员能不能买条毛巾裹一下泳衣,店员一听愣住了,回答道:"我以前从没被问起过这样的问题。"并很感谢父亲提醒了他们。你知道我说的是什么样的毛巾吧,也许在你家里就有条这样的毛巾。

我记得,在1963年,3K党袭击了我家,因为父亲认为黑人可以参加复活节。我那次学习到把床单当袍子裹着逃离火灾现场,我记得我们前院的火势,我记得父亲在联邦调查局的同事来我们镇里调查。之后我家便搬到北方。因此,你们这些满腔仇恨的人、违法犯罪的人、无赖试图把我的言论扭曲为某种反动的、反美的、保守的阴谋论者腔调,我都能处理好。但同时也问问你们自己,你们比那些对残暴者低头哈腰,却对手无寸铁的无辜者制造白色恐怖的懦夫们强多少呢?

　　对于所有想建立更文明、更易被人接受、更公平、更平衡和更诚实的网络社会感兴趣的人,我想要传达的信息就是你们必须愿意公开表达立场,希望我和苏能激励你们行动。父母会花时间向孩子解释什么是负责任的网络行为;雇主会严厉惩处那些使用不当竞争手段的雇员;网络世界会信奉自我管理和自我约束;消费者权益保护组织不会再支持那些网络无赖;地方、州和联邦立法者们会为网络行为构思合适的道德和行为法规;法庭会认识到他们需要摘掉网络无赖们的面具并且让这些无赖认识到自己的义务和责任。

　　我要说的是大家应该立即行动,因为时间就是一切,是我们现在所面临问题的关键,也是解决问题的关键。我们有爱,也有恨;有战争,也有和平;有悲伤的时候,也有欢庆的时候;有哭泣的时候,也有大笑的时候;有沉默的时候,也有说话的时候——

　　该是你们说话的时候了。

约翰